I0003779

Praktische Einführung in C

von
Prof. Dr. Peter Baeumle-Courth
Torsten Schmidt

Oldenbourg Verlag München

Prof. Dr. Peter Baeumle-Courth ist Dekan des Fachbereiches Informatik an der FHDW in Bergisch Gladbach.

Torsten Schmidt lehrt und forscht als Wissenschaftlicher Mitarbeiter an der FHDW in Bergisch Gladbach und arbeitet als IT-Consultant bei der OPITZ CONSULTING Gummersbach GmbH.

Bibliografische Information der Deutschen Nationalbibliothek

Die Deutsche Nationalbibliothek verzeichnet diese Publikation in der Deutschen Nationalbibliografie; detaillierte bibliografische Daten sind im Internet über http://dnb.d-nb.de abrufbar.

© 2012 Oldenbourg Wissenschaftsverlag GmbH
Rosenheimer Straße 145, D-81671 München
Telefon: (089) 45051-0
www.oldenbourg-verlag.de

Lektorat: Dr. Gerhard Pappert
Herstellung: Constanze Müller
Titelbild: thinkstockphotos.de
Einbandgestaltung: hauser lacour
Gesamtherstellung: Grafik & Druck GmbH, München

Dieses Papier ist alterungsbeständig nach DIN/ISO 9706.

ISBN   978-3-486-70799-1
eISBN   978-3-486-71709-9

Vorwort

Der Einstieg in die Software-Entwicklung geschieht in der Regel „bottom up". Das heißt, meist interessiert man sich zunächst für eine konkrete Programmiersprache, mit der man ein konkretes Programm erstellen möchte. In der beruflichen Praxis gefragt sind dann Menschen, die Erfahrungen mit der Programmierung aufweisen können, aber auch komplexere Zusammenhänge der Software-Entwicklung gelernt haben: das ingenieurmäßige Erstellen von „großer" Software, das systematische Testen von Software oder auch das sogenannte Re-Engineering, bei dem schon existierende Software analysiert und grundlegend überarbeitet wird.

Das vorliegende Buch soll den Einstieg in diesen Weg ebnen. Am konkreten Beispiel der Programmiersprache C wird eine praxisorientierte Einführung gegeben, die dennoch die Präzision nicht zu kurz kommen lassen möchte. Zahlreiche Übungen sowie eine Internet-Seite zu dem Buch ergänzen die Ausführungen.

Das Buch basiert auf einem über viele Jahre im Rahmen von Hochschulvorlesungen zur Programmierung eingesetzten Skriptum. Hier danken wir den Studierenden der Fachhochschule der Wirtschaft (FHDW), die mit diesem Skriptum gelernt, gearbeitet und dazu die eine oder andere Anregung und Rückmeldung gegeben haben. Wir danken auch den Nutzern des online verfügbaren Skriptums für wertvolle Anmerkungen. Ebenso danken wir Frau Kathrin Mönch und Herrn Gerhard Pappert vom Oldenbourg Verlag für die Unterstützung während der Erstellungsphase und die gute Zusammenarbeit. Für eventuelle Unstimmigkeiten oder Fehler tragen dessen ungeachtet wir die alleinige Verantwortung; entsprechende Hinweise nehmen wir dankbar an.

Peter Baeumle-Courth
Torsten Schmidt

Bergisch Gladbach, im April 2012

Inhaltsverzeichnis

1 Einleitung

1.1 Warum C?

Die in den Jahren 1969/1970 entwickelte Programmiersprache C zählt laut TIOBE-Index (www.tiobe.com) auch heute noch zu den populärsten in der Softwareentwicklung. Durch einen nahezu uneingeschränkten Umfang eignet sie sich für zahlreiche Anwendungsgebiete. Sowohl in der hardwarenahen Programmierung, wie zum Beispiel in der Steuerungstechnik von Maschinen, als auch für Anwendungssoftware ist C weit verbreitet. Insbesondere bei der Entwicklung von Betriebssystemen und in der Spieleindustrie sind C und die darauf aufbauenden Weiterentwicklungen kaum wegzudenken.

Viele der sonstigen verwendeten Programmiersprachen orientieren sich an einigen Konzepten und der Syntax von C, sodass sie sich für Anfänger besonders als Lehrsprache eignet. Sprachen wie C#, oder Objective-C, das insbesondere im Bereich der Applikations-entwicklung für Smartphones eingesetzt wird, sind nach der Bearbeitung des Buchs recht einfach zu erlernen.

Die Autoren sehen einen gründlichen Einstieg in die strukturierte Sprache C als eine gute Grundlage für ein späteres Erlernen anderer, oft objektorientierter Programmiersprachen an.

Dem Programmierer stehen im Kern drei Elemente zur Verfügung. Dabei handelt es sich um eine Folge von Anweisungen, die bedingte Auswahl von Anweisungen (Selektion), sowie die Wiederholung von Anweisungen (Iteration). Bei der Programmierung geht es im Wesentlichen darum, diese Elemente so miteinander zu kombinieren, dass eine Problem-stellung damit gelöst werden kann.

1.2 Geschichte und Einordnung der Programmiersprache C

Die Programmiersprache C ist eine sogenannte *all purpose language*, wird also eingesetzt für sehr viele verschiedene Anwendungsbereiche. Bereits im Jahre 1990 hatte C in einer Statistik mit über mehreren Tausend Stellenangeboten in Deutschland die damals sehr beliebte Programmiersprache COBOL überrundet. Seitdem ist die Sprache C *der* Standard der strukturierten Software-Entwicklung schlechthin.

Heutzutage wird der klassische, strukturierte Entwicklungsansatz meist abgelöst vom Konzept der Objektorientierung und den darauf basierenden Programmiersprachen wie der von Bjarne Stroustrup hervorgebrachten objektorientierten C-Erweiterung, C++, sowie der von der Firma Sun kreierten Sprache *Java*. Bei großen und mittleren Software-Projekten wird heute in aller Regel diesem objektorientierten Ansatz gefolgt, gerade für kleinere oder für gerätespezifische Projekte ist aber eine strukturierte Vorgehensweise mit C ebenfalls möglich und kann hier deutlich effektiver sein.

Ergänzend sei an dieser Stelle angemerkt, dass es auch aus didaktischen Gesichtspunkten in jedem Fall viel Sinn macht, strukturierte Vorgehensweisen und insbesondere die Algorithmenentwicklung sorgfältig zu erlernen, denn auch die objektorientierte Software-Entwicklung benötigt diese Bausteine ganz wesentlich. Eine allgemeine Einführung in Bezug auf Algorithmen findet der Leser in dem Buch „Algorithmen und Datenstrukturen" von N. Blum (siehe Literaturverzeichnis).

1.3   Das C-Konzept

Wichtige Ideen für C entstammen den beiden Programmiersprachen *BCPL*, die Martin Richards, und *B*, die Ken Thompson 1970 für das erste UNIX-System auf einer DEC-Anlage entwickelt hat. C ist eine typisierte Sprache, wobei die Datentypen jedoch bei weitem nicht so streng überwacht werden wie bei klassischen Sprachen im Stile von *Pascal* oder *Modula*. Weiterhin finden sich die gewohnten Datenstrukturen wie Felder, Zeiger, feste und variante Strukturen.

C verfügt über die aus anderen Sprachen bekannten Kontrollstrukturen: Blockung von mehreren Anweisungen (mit geschweiften Klammern { und }), Alternativen (if, if-else, switch) und Iterationen (Schleifen mit den Schlüsselworten while, for, do-while). Daneben gibt es Möglichkeiten des vorzeitigen Verlassens einer Kontrollstruktur (z.B. mit break). Funktionen können Ergebniswerte beliebiger Datentypen besitzen und auch rekursiv aufgerufen werden.

C verwendet einen *Präprozessor*, der vor dem eigentlichen Compiler aktiv wird und der sogenannte Makros im Quelltext ersetzt, andere Quelldateien (mittels der Direktive *#include*) einfügt und eine bedingte Compilation erlaubt (vgl. den Abschnitt „Bedingte Compilation" auf S. 63). Dies bedeutet, dass gewisse Teile des Programmcodes nur unter gewissen Bedingungen übersetzt werden – beispielsweise, wenn das Programm für einen bestimmten Prozessortyp erstellt oder (nur) während der Entwicklungsphase noch spezieller Prüfcode mit eingebunden werden soll. Auch durch dieses Konzept kann C sehr leicht auf sich ändernde Verhältnisse, z.B. andere Systeme, angepasst werden.

Der Compiler – also der eigentliche Übersetzer – hat dann die Aufgabe, aus dem lesbaren[1] Programmcode (in der Sprache ANSI-C) den spezifischen Maschinencode des Prozessors zu generieren, dieser wird dann vom Rechner ausgeführt. Unter MS-DOS bzw. Microsoft Windows liegt das fertig übersetzte Programm in der Regel als sogenannte „*EXE-Datei*" vor; so wird aus dem C-Quellcode in der Datei beispiel.c üblicherweise die ausführbare

---

[1]   Über die Interpretation des Begriffs „lesbar" kann trefflich diskutiert werden. Der geneigte Leser dieses Buches soll jedenfalls in die Lage versetzt werden, C-Code lesen (und schreiben) zu können!

Programmdatei beispiel.exe erzeugt. Bei anderen Betriebssystemen heißen die Dateien anders, das Grundprinzip ist jedoch dasselbe.

Der eigentliche Kern der Programmiersprache C ist vergleichsweise klein. Er umfasst beispielsweise noch nicht einmal Routinen für Terminal-Ein- und -Ausgabe! Die Leistungsfähigkeit erhält C durch die sogenannten Bibliotheken (*Libraries*), die jeweils konkret eingebunden werden müssen.

C ist einerseits sehr maschinennah, beispielsweise stehen Operationen zur bitweisen Verarbeitung zur Verfügung und über Zeiger sind Speicheradressen direkt ansprechbar. Andererseits ist C sehr portabel, wenn man sich nur an die allgemeinen Richtlinien von ANSI C hält. 1989 wurde der Standard vom amerikanischen Normungsinstitut ANSI verabschiedet, der aktuelle Standard ist der *ISO/IEC-C11* (veröffentlicht am 8. Dezember 2011). Die an dem formalen Standard interessierten Leser können im Internet unter http://www.open-std.org/ jtc1/sc22/wg14/www/standards die *ISO-Norm 9899* abrufen. Da bis heute zahlreiche C-Compiler auf dem Markt sind, die nicht alle Neuerungen des *ANSI/ISO-C99* bzw. des *C11-Standards* umgesetzt haben, wollen wir uns im Rahmen dieser Einführung ganz bewusst auf den klassischen ANSI-C-Standard konzentrieren. Wir werden der Einfachheit halber indes meist nur kurz „C" schreiben, soweit keine Missverständnisse zu befürchten sind.

1.4   C lernen

Eine Programmiersprache kann nur gelernt werden, indem sie praktisch verinnerlicht wird. Das heißt, dass der Leser und die Leserin[2] nicht nur dieses Buch zu lesen braucht, um C zu beherrschen, sondern dass insbesondere fleißiges Üben erst den Meister macht. Daher werden in diesem Buch eine Reihe von Anregungen zu Übungsaufgaben formuliert, wozu wiederum eine Reihe von Lösungsskizzen im Buch selbst und im Internet (unter cbuch.net) zu finden sind.

In didaktischer Hinsicht wird einerseits versucht, logisch aufeinander aufbauend und mit zunehmendem Schwierigkeitsgrad die Programmierung mit der Sprache C zu vermitteln. Es macht allerdings gelegentlich Sinn vorzugreifen und hier und da ein komplettes Beispiel zu präsentieren, zu welchem noch nicht alle Details bereits formvollendet vorgestellt worden sind. Hier wiegt nach Ansicht der Autoren die Motivation des konkretes Kontextes höher als die „akademische Reinheit", zumal die fehlenden Details nachgereicht werden. Dies bedeutet gleichzeitig, dass für ein Arbeiten mit diesem Buch auch einzelne Abschnitte zunächst übersprungen werden können, z.B. wenn in einem Abschnitt alle Schlüsselworte von C aufgelistet werden o.ä.

---

[2]   Die männlichen Autoren bitten um Verständnis, dass aus Gründen des besseren Leseflusses künftig nur noch die im Deutschen nun einmal gebräuchliche männliche Form verwendet wird. Künftige Software-Entwicklerinnen mögen sich davon bitte nicht abschrecken lassen!

Da es stets Leser mit sehr unterschiedlichen Vorkenntnissen gibt, werden in einer ganzen Reihe von Fußnoten immer wieder ergänzende Anmerkungen und Lese-Tipps gegeben, einmal um eventuell fehlende Grundlagen nachschlagen, zum anderen um vertiefende Quellen studieren zu können.

Für das praktische Arbeiten wird als ergänzende Lektüre die (auch im direkten Wortsinn) kleine Referenz „*C kurz & gut*" empfohlen[3].

1.5   Das Buch

Dieses Buch basiert auf einem Vorlesungsskriptum, das einer der beiden Autoren auch im Internet bereitgestellt hat: unter der Internet-Adresse `http://c.baeumle-courth.eu/` findet sich diese Vorläuferversion frei verfügbar, bei der allerdings keine Übungsaufgaben und Lösungshinweise enthalten sind. Die Internetseite zu diesem Buch findet der Leser unter `http://cbuch.net`.

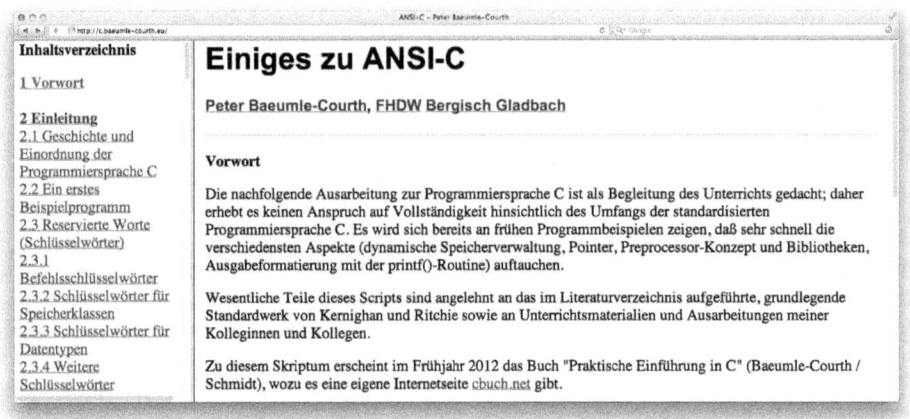

Abbildung 1: Bildschirmschnappschuss des Vorlesungsskriptums

---

[3]   Vgl. Prinz, P. und Kirch-Prinz, U. im Literaturverzeichnis.

2   Erste Schritte

2.1   Der Weg zum ausführbaren Programm

Um ein ausführbares Programm zu bekommen, das im sogenannten Maschinencode vorliegt, also in einer Abspeicherungsform, wie sie der Prozessor des Computers versteht, bedarf es einiger Arbeitsschritte, die eben schon einmal kurz erwähnt worden sind.

Zunächst wird in einem Editor der pure Programmtext (*Quelltext, source code*) nach den Regeln erstellt, die wir im Folgenden behandeln werden. Beim Abspeichern der Datei ist daran zu denken, dass der Dateiname die Endung .c erhält.

Wird nun der Compiler gestartet, so agiert zuerst der Präprozessor (vgl. hierzu den weiterführenden Abschnitt ab S. 60.). Der Präprozessor führt im Wesentlichen einfache Textersetzungen durch. Anschließend wird automatisch der eigentliche Compiler aufgerufen, der zunächst prüft, ob die Regeln der Programmiersprache C eingehalten wurden. Das ist einmal die Syntax, also der formale Aufbau – vergleichbar mit dem Satzbau in der deutschen Sprache. Zum zweiten ist es die Semantik, also die inhaltliche Bedeutung des Quelltextes, beispielsweise die Frage, ob alle Namen für Variablen und Funktionen ordnungsgemäß bekanntgemacht (im Fachjargon: deklariert) worden sind.

Verlaufen all diese Prüfungen erfolgreich, so erzeugt der Compiler bereits eine erste Form des Maschinencodes in Form der sogenannten *Object Files*, unter Microsoft-DOS/Windows sind dies die Dateien, deren Namen auf .OBJ enden, bei Unix lautet die Endung .o. Hier liegt der selbstgeschriebene Programmcode in übersetzter Form vor, es fehlen aber all die Funktionalitäten, die C von sich aus bereits mitbringt. Damit diese mitgenutzt werden können, muss der eigene Code noch mit diesen fertigen Bibliotheken (libraries) „zusammengebunden" werden; hierfür ist der sogenannte *Linker* (oder Binder) zuständig.

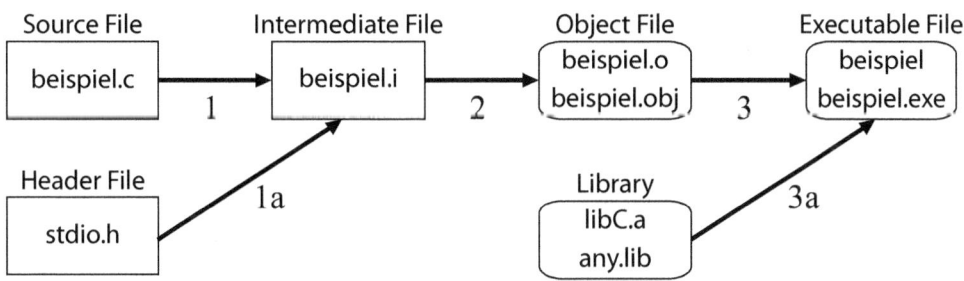

Abbildung 2: Schematische Darstellung der Programmerstellung in C

Diese gesamte im vorigen Bild skizzenhaft dargestellte Programmentwicklung wird in der Regel durch einen einfachen Compiler-Aufruf veranlasst. Die eckigen Kästchen in der Grafik stehen für ASCII-Dateien, also Dateien, die Sie sich im Editor ansehen können. Die abgerundeten Symbole stehen für Binärcode (sog. *Object Code* sowie *Library Files* und ausführbare Dateien).

ASCII- und Binärdateien

Im Fachjargon unterscheidet man Dateien u.a. nach der Art, wie in ihnen die Informationen abgespeichert bzw. formatiert werden. Eine Datei, die in einem einfachen Editor geladen und vom menschlichen Benutzer gelesen werden kann, nennt man auf den gängigen Rechnersystemen ASCII-Datei.

Dieser *American Standard Code for Information Interchange (ASCII)* ist ein normierter 8-Bit-Zeichensatz, der u.a. auf Linux-, Windows- und Macintosh-Systemen Verwendung findet. Von den hier definierten $2^8=256$ Zeichen sind die ersten $2^7=128$ weltweit gleich festgelegt, die restlichen variieren von Land zu Land und werden auch von den verschiedenen Betriebssystemen unterschiedlich belegt bzw. interpretiert.

Solche ASCII-Dateien sind für den Menschen prinzipiell verständlich, allerdings nicht (so ohne weiteres) für den Computer. Die einzelnen Anweisungen, die der Prozessor abarbeitet, müssen in der sog. Maschinensprache in Form von Binärdateien (oder Object Files) vorliegen. Laden wir eine solche binäre Datei in den Texteditor, so erkennen wir nichts „Vernünftiges". Der Prozessor dagegen erkennt die für uns kryptisch erscheinenden „Null-Eins-Folgen" und kann z.B. die darin codierten Anweisungen ausführen.

Im ersten Arbeitsschritt (siehe 1 und 1a in der vorigen Abbildung) werden durch den Präprozessor u.a. die Include-Dateien eingebunden. Hierbei entsteht eine Zwischendatei (intermediate file, Dateinamenendung .i), die üblicherweise auch nach Gebrauch automatisch wieder gelöscht wird. Anschließend tritt (in Arbeitsschritt 2) der eigentliche Compiler in Aktion: er prüft den Quelltext auf Syntax und Semantik (vgl. die Erläuterungen im nachfolgenden Kasten auf S. 7) und erzeugt den Maschinencode (binary code, object code), der in einer entsprechenden Datei mit der Endung .o (Unix) oder .obj (DOS/Windows) abgespeichert wird. Danach bindet der Linker (3 und 3a in der vorigen Abbildung) den Object Code des eigenen Programms zusammen mit verschiedenen Bibliotheken, in denen der Binärcode vorgefertigter Funktionen (wie etwa `printf()` zur Ausgabe auf den Bildschirm) enthalten ist. So entsteht schlussendlich das ausführbare Programm, das unter DOS/Windows mit der Erweiterung .exe abgespeichert wird, unter Unix entweder ohne Namenserweiterung oder oftmals unter dem Standardnamen a.out.

Syntax und Semantik

Es zeigt sich schnell, dass es günstig ist, wenn eventuelle Fehler sich möglichst früh bemerkbar machen. Am einfachsten wird es mit ein wenig Erfahrung sein, Syntaxfehler (z.B. ein fehlendes Semikolon oder eine überschüssige öffnende Klammer) zu erkennen und zu korrigieren. Semantische Fehler sind mitunter schon komplizierter festzustellen, werden aber immerhin noch vom Compiler mitgeteilt, so dass der Entwickler darauf reagieren kann. In der Praxis sind die schwierigsten Fehler die, die zur Laufzeit erst auftreten, denn diese können erst in aufwändigen Testläufen gefunden werden. Und niemand sagt einem Entwickler, ob nicht noch einige Fehler unentdeckt geblieben sind!

Je nachdem, welcher Compiler verwendet wird (und unter welchem Betriebssystem), unterscheidet sich der Aufruf für die Programmentwicklung etwas. Auf UNIX-Systemen heißt der C-Compiler in der Regel *cc*, ein Beispielprogramm beispiel.c kann mit dem Compileraufruf

```
cc beispiel.c
```
übersetzt werden; das ausführbare Programm heißt unter UNIX, wie erwähnt, generell *a.out*.

Unter den beliebten Linux-Varianten wird oftmals der GNU C-Compiler eingesetzt; dieser heißt *gcc* (statt cc), die hier gezeigten Compiler-Aufrufe wären also ggf. entsprechend anzupassen.

Mit dem Aufruf

```
cc beispiel.c -o beispiel
```
kann gleichzeitig dafür gesorgt werden, dass das ausführbare Programm beispiel heißt. Bei Einsatz des Borland C++ Compilers unter Microsoft Windows Betriebssystemen lautet der entsprechende Compileraufruf

```
bcc32 beispiel.c
```
und das ausführbare Programm (die sogenannte „EXE-Datei") ist in diesem Fall beispiel.exe

Compiler-Download für Microsoft Windows-Betriebssysteme

Auch nachdem die Firma Borland von Micro Focus International übernommen worden ist, ist der Borland C/C++-Compiler ein sehr gutes Werkzeug für ein erstes Kennenlernen der Sprachen C und C++.
Unter http://www.heise.de/software/download/borland_c_compiler/2804 kann der Compiler kostenfrei heruntergeladen werden.

Verwendet man eine integrierte Entwicklungsumgebung (engl. *IDE* für integrated development environment), z.B. die im nachstehenden Bild gezeigte Software Dev-C++ von Bloodshed Software, so muss man sich meist um diese Kommandozeilenaufrufe nicht kümmern, dies übernimmt die IDE für einen.

In einer solchen IDE definiert man sogenannte Projekte, in denen festgehalten wird, welche Quelltexte und ggf. weitere Dateien zu der zu erstellenden Software gehören. Neben reinen Quelltextdateien mit C-Code können auch verschiedene Ressourcen benötigt werden, bei der Programmierung einer grafischen Oberfläche wie unter Microsoft Windows zum Beispiel Grafikdateien für das Icon der Anwendung oder kleine Bitmaps für eine Werkzeugleiste (Toolbar).

Daneben kann man – wie auch im nachstehenden Bild gezeigt – gut erkennen, welche weiteren Dateien im Projekt verwendet werden. Im Bild erkennt man etwa, dass die Datei main.c im gezeigten Beispielprojekt „HelloWorld" verwendet wird.

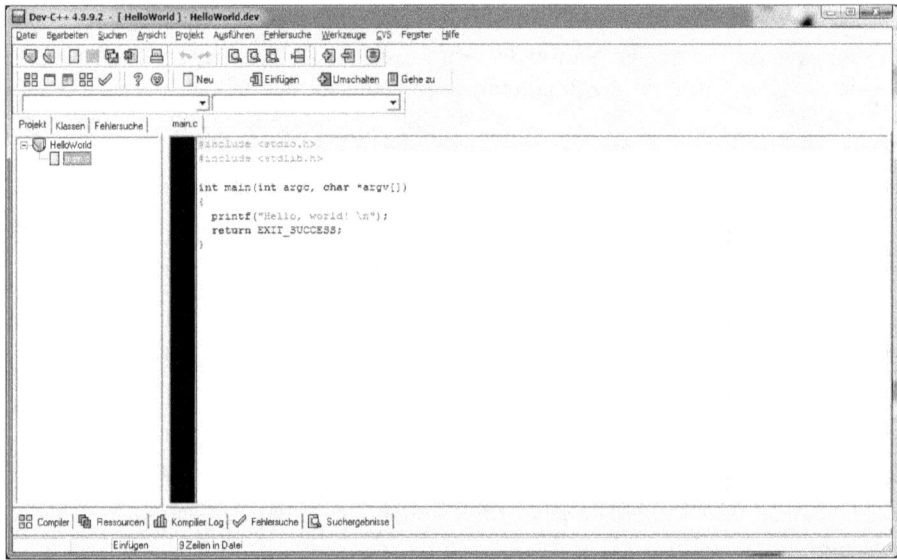

Abbildung 3: Bildschirmschnappschuss der Entwicklungsumgebung „Dev-C++"

2.2   Grundlegender Programmaufbau

Bevor wir uns ersten konkreten kleinen Beispielprogrammen zuwenden, wollen wir uns den schematischen Aufbau eines C-Quelltextes ansehen.

Ein C-Programm besteht generell aus den nachfolgend genannten Komponenten. Dazu kommen die praktisch überall platzierbaren Kommentare, vgl. dazu die Ausführungen im Abschnitt „Hello, world!" (S. 11).

Den Präprozessor-#include-Anweisungen, mit denen externe Dateien (z.B. die bereits erwähnten Headerfiles) in den Quelltext einbezogen und Schnittstellen zu den Bibliotheksroutinen der C Library geschaffen werden.

Mit der Zeile

```
#include <stdio.h>
```

wird die Headerdatei stdio.h (als Abkürzung für Standard-Input-Output) eingebunden. Damit kann das nachfolgende C-Programm auf Funktionen von C zugreifen, die für die Bildschirmausgabe und die Tastatureingabe zuständig sind, beispielsweise die Ausgabefunktion printf().

Den Präprozessor-#define-Anweisungen, mit denen symbolische Konstanten und Makros definiert werden können.

```
#define  MAXIMUM  100
```

Der Präprozessor nimmt hier eine einfache Textersetzung vor: im gesamten Quelltext wird das Wort MAXIMUM durch 100 ersetzt. Dabei kommt es – wie insgesamt bei C – auf korrekte Groß-/Kleinschreibung an.

Es folgen die Datentypen und Variablen, die vor dem Hauptprogramm deklariert werden; hier werden globale bzw. externe Variablen und globale Datentypen festgelegt, die allen Teilen des C-Programms zugänglich sein können. Ein Datentyp ist hierbei die Beschreibung, wie etwas dargestellt werden soll; für eine numerische Angabe kann beispielsweise zwischen einer ganzzahligen Darstellung oder einer Repräsentation mit Nachkommastellen (Gleitkommadarstellung) ausgewählt werden. Hierfür stehen u.a. die Datentypen *int* und *float* zur Verfügung. Variablen sind benannte Speicherplätze von einem bestimmten Datentyp, in denen Informationen dieses Typs gespeichert werden können.

```
/* Beispiel für eine ganzzahlige int- und eine reellwertige
   float-Variable */
int   eineGanzeZahl  = 10;
float eineReelleZahl = 10.01;
```

Der aufmerksame Leser hat es bemerkt: Das gewohnte Komma als Trennzeichen wird im Rahmen der Programmierung durch den Punkt ersetzt! Der Wert 10,01 schreibt sich im C-Programm wie hier gezeigt als 10.01.

Das Hauptprogramm main (genau genommen: die Funktion main()): hier findet der Programmeinstieg statt. main() darf und muss in jedem C-Programm genau einmal vorkommen; häufig steht es als erste Funktion im Quelltext, sofern das Programm nicht mehrere Quelltextdateien umfasst, bei denen dann main() oftmals in einer eigenen Datei (z.B. mit dem Namen main.c) untergebracht wird. Hieran schließen sich ggf. weitere Funktionen. Deren formaler Aufbau gleicht dem von main(), nur dass hier ein anderer Name vergeben wird.

> **Modulare Programmentwicklung**
>
> Dass bei den ersten Übungsprogrammen automatisch der gesamte Code eines Programms in eine einzige Quelltextdatei uebung.c gepackt wird, erweist sich bei professionellen, umfangreicheren Projekten als unpraktikabel. Mehrere Entwickler arbeiten gleichzeitig an dem Projekt, eventuell sogar räumlich weit verteilt.
>
> Da erweist es sich als sinnvoll, dass der Quellcode einer Software gegliedert nach den verschiedenen Teilfunktionalitäten auf zahlreiche Dateien verteilt werden kann. Diese einzelnen Dateien (z.B. eingabe.c, berechnung.c, ausgabe.c, main.c) werden bei C Module genannt. Auf dieses sog. *Modulkonzept* gehen wir auf S. 103 ausführlich ein.

Sehen wir uns im Folgenden ein paar konkrete Beispielprogramme an – wohlwissend, dass wir eine ganze Reihe von Details erst im weiteren Verlauf dieser Einführung genauer behandeln werden.

2.3   Ein erstes minimales Beispielprogramm

Das minimale, praktisch leere (und in formaler Hinsicht in Bezug auf die älteren C-Standards noch nicht ganz korrekte) C-Programm sieht aus wie folgt.

```
main()
{
}
```

„Nicht ganz korrekt" bedeutet an dieser Stelle: ein C-Compiler, der nicht den neuesten Standard unterstützt, wird hier noch eine Warnung ausgeben. Diese kann für's Erste ignoriert werden, im nächsten Programm-Beispiel werden wir dies aufgreifen.

Trotzdem erkennt man schon einiges:

– Das Hauptprogramm ist in C lediglich eine spezielle Funktion mit dem festgelegten Namen main.
   Wird ein C-Programm aufgerufen, dann weiß das Laufzeitsystem (siehe hierzu den Info-Kasten auf S. 11), dass es bei dieser Funktion einsteigen muss. main ist also der sog. „(Programm-)Einstiegspunkt".

– Hinter dem Funktionsnamen folgt die formale Parameterliste, hier ist sie leer, daher stehen die runden Klammern einfach so einsam umher. Unter Parametern versteht man inhaltlich die Informationen, die einer Funktion zur Abarbeitung mitgegeben werden. Wir kennen dies von einfachen mathematischen Funktionen: die „Wurzel von 4" ist 2, hier ist 4 der Parameter(wert), zu dem die Funktion „Wurzel" den Ergebniswert 2 berechnet.

– Der Anweisungteil der Funktion (hier also des Hauptprogramms) ist ebenfalls leer; zusammengehalten werden die Anweisungen durch das geschweifte Klammerpaar { und }.

Das Laufzeitsystem

Wie erwähnt generieren wir aus einem (korrekten) C-Quelltext beispiel.c durch Compilieren und Linken die ausführbare Datei (beispiel.exe oder a.out). Diese ausführbare Datei, die Maschinenbefehle für den verwendeten Prozessor enthält, wird anschließend – Anweisung für Anweisung – im Rahmen des sog. Laufzeitsystems abgearbeitet.

Dabei handelt es sich u.a. um einen (prozessor- und betriebssystemspezifischen) Interpreter, der die Maschinenbefehle nacheinander ausführt und erforderliche Speicherbereiche bereitstellt und verwaltet, insbesondere also Variablen anlegt und evtl. initialisiert.

Wird ein bestimmtes (compiliertes) Programm von mehreren Anwendern in einem Rechnernetz gleichzeitig verwendet, so ist für jede sog. Instanz dieses Programms ein eigenes Laufzeitsystem (bzw. ein eigener Interpreterprozess) zuständig. Die verschiedenen Anwender nutzen zwar denselben Programm-Code, haben aber generell verschiedene Werte eingegeben und gespeichert und befinden sich zum selben Zeitpunkt an ganz unterschiedlichen Stellen im Programm.

2.3.1   Hello, world!

Etwas interessanter wird dann schon das zweite Beispiel – das Standardprogramm *"Hello, world!"*.

```
//1//
/* hello.c - Kleine Demonstration eines simplen C-Programms */

//2//
#include <stdio.h>

//3//
int main(void)
{
//4//
   printf("Hello, world!\n");
//5//
   return 0;
} /* end main */
```

Jetzt ist schon mehr zu erkennen:

- In Zeile //1// steht ein Kommentar. Dabei handelt es sich um Anmerkungen des Software-Entwicklers, die vom Compiler komplett ignoriert werden. Insofern sind Kommentare nicht für die technische Programmerstellung wichtig, sondern – hauptsächlich – für das Verständnis des Programmcodes.

  Kommentare, die auch über mehrere Zeilen – gehen können, beginnen mit den beiden Zeichen /* und enden mit */. Daneben gibt es – offiziell seit dem C99-Standard – auch in C die Möglichkeit der C++-gemäßen Zeilenkommentare, die mit // beginnen und bis zum Zeilenende reichen.

- Zeile //2//: Die Direktive (#include) geht an den Präprozessor (engl. *preprocessor*): dieser bindet – wie bereits erwähnt – die Headerdatei stdio.h ein. Dadurch weiß der Compiler, dass z.B. die Funktion printf() verwendet werden kann.

- Zeile //3//: Vor dem Funktionsnamen main ist nun das Wort int zu lesen. Dies bedeutet, dass diese Funktion einen ganzzahligen (engl. „*integer*") Wert zurückliefern soll (vgl. die Erläuterung zu Zeile //5//).

- Innerhalb der formalen Parameterliste steht nun das Schlüsselwort void. Damit wird ausdrücklich gesagt, dass hier bewusst nichts anderes stehen soll.
  Dies berührt den Aspekt der Software-Sicherheit, denn schnell wird im Eifer des Gefechts etwas vergessen; das explizite Notieren von void macht klar, dass an dieser Stelle eben nichts vergessen wurde. Auf diese Weise dokumentiert ein sorgfältiger Software-Entwickler an dieser Stelle, dass die Funktion tatsächlich keine Parameterinformationen erhalten soll.

- Zeile //4//: Die Funktion printf() bietet in C die Möglichkeit zur Ausgabe von Text auf die Konsole (bzw. den Bildschirm). Wie bereits an früherer Stelle gesagt wurde, ist die Funktion printf() nicht im eigentlichen Kern der Programmiersprache C (im engeren Sinne) enthalten, sondern lediglich eine sogenannte Bibliotheksfunktion. Über die in Zeile //2// gezeigte Direktive #include <stdio.h> wurde gesagt, dass die Standard-Ein- und -Ausgabe-Routinen (standard input/output) mit eingebunden, d.h. mit verwendet werden sollen.

- Die Funktion printf() wird hier mit einem Parameter aufgerufen: einer Zeichenkette, die in doppelten Hochkommata notiert wird. Darin steht zum einen der Klartext "Hello, world!", zum anderen folgt danach jedoch noch etwas Besonderes: "\n" ist eines von mehreren zur Verfügung stehenden Ersatzsymbolen, "\n" steht speziell für einen Zeilenvorschub. Wird danach noch etwas auf die Konsole ausgegeben, so erscheint dies anschließend in einer neuen Zeile.

- Das Semikolon, also der Strichpunkt hinter dem Aufruf von printf() muss übrigens aus syntaktischen Gründen sein: elementare Anweisungen in C enden mit einem Semikolon.

– Schließlich wird in Zeile //5// mit `return 0` das Programm beendet. Die Rückgabe des Wertes 0 signalisiert dem Aufrufer – in der Regel dem Betriebssystem –, dass das Programm korrekt beendet worden ist. Im Sprachstandard C99 muss diese Zeile im übrigen nicht mehr explizit geschrieben werden.

2.3.2 Syntax einer Programmiersprache

Die Syntax bildet das formale Regelwerk, wie korrekter Programmcode zu schreiben ist. In Büchern, die etwas formalistischer vorgehen, finden sich sogenannte Syntaxdiagramme, mit denen ganz abstrakt definiert wird, wie eine korrekte Anweisung in C zu schreiben ist.

Wir wollen etwas pragmatischer vorgehen und vertrauen darauf, dass der Leser durch die vorgelegten Beispiele und entsprechende Übung (nicht nur) die Syntax von C rasch erlernen wird.

Eine der einfachsten Syntax-Regeln in C: das Semikolon schließt einen Programmierbefehl, eine sogenannte einfache Anweisung, ab. Es gehört mit zu den beliebtesten Anfangsfehlern, das eine oder andere Semikolon einfach zu vergessen[4].

```
1    int main(void)
2    {
3        printf("Hello, world!")
4        return 0;
5    }
```

Wollen wir das o.g. Code-Stück[5] übersetzen lassen, meldet sich der Compiler wie folgt.

```
Fehler E2379 dafehltwas.c 4: In Anweisung fehlt ; in Funktion
main
*** 1 Fehler bei der Compilierung ***
```

Übrigens bemerkt der Compiler erst in Zeile 4 – bei der `return`-Anweisung – den Fehler, denn bis da hätte das Semikolon noch kommen können!

2.3.3 Beispielprogramm mit Ein- und Ausgabe

In unserem dritten Beispiel zeigen wir kurz – in einer Art Vorausschau –, wie sog. Variable (d.h. benannte Speicherplätze) deklariert und verwendet werden können und wie man von der Tastatur Werte einlesen kann.

```
/* zinsen.c - Eine kleine Berechnung von Sparzinsen */
#include <stdio.h>
```

---

[4] Es gibt aber auch Situationen, in denen ein Semikolon zuviel auftreten kann! Dazu später mehr...
[5] Die Zeilennummern gehören nicht zum Programmcode dazu!

```
int main(void)
{
//1//
   int startkapital;    /* Ausgangskapital in ganzen Euro */
//2//
   float endkapital;    /* Variable fuer das zu erzielende
                           Endkapital */
//3//
   float zinsen;        /* Hier wird der Zinsbetrag
                           zwischengespeichert */
//4//
   const float zinssatz = 0.05;   /* Der zu Grunde gelegte
                                     Zinssatz */
   printf("Bitte den Geldbetrag [ganzzahlig in EUR] eingeben:");
//5//
   scanf("%d",&startkapital);   /* Wichtig ist hier der
                                   Adressoperator & */
//6//
   zinsen = startkapital * zinssatz;
//7//
   endkapital = startkapital + zinsen;
//8//
   printf("Nach einem Jahr betraegt Ihr Guthaben EUR "
          "%f.\n",endkapital);

   return 0;

} /* end main */
```

Auch hierzu einige Anmerkungen:

– In Zeile //1// wird ein Speicherplatz, eine sog. *Variable*, deklariert, sie heißt startkapital und ist vom Typ „int". Dies bedeutet, dass in diesem Speicherplatz korrekterweise ganze Zahlen abgespeichert werden können. Diese etwas vorsichtige Formulierung deutet an, dass es in der Programmiersprache C durchaus möglich ist, unabhängig von der Typ-Deklaration auch andere Inhalte abzuspeichern. Dabei kann es allerdings zu evtl. ungewollten Anpassungen kommen. Wird der Variablen startkapital beispielsweise der Wert 1.05 zugewiesen, also ein Wert mit Nachkommastellen, dann kommt in der Variablen lediglich die 1 an, die Nachkommastellen werden einfach abgeschnitten.

– Die Kommentare /*...*/ verdeutlichen übrigens bereits beim ersten Lesen des Quelltextes den Zweck der jeweiligen Variablen.

Bezeichnungen in C

Namen von Variablen (und Funktionen in C), sogenannte *Bezeichner* (engl. *identifier*), beginnen mit einem Klein- oder Großbuchstaben oder einem Unterstrich, gefolgt von endlich vielen weiteren Buchstaben, Ziffern oder Unterstrichen. Dabei unterscheidet C zwischen Groß- und Kleinschreibung. `Konto` und `konto` sind somit zwei verschiedene Bezeichner. Auch wenn moderne Compiler mehr zulassen (beispielsweise auch Umlaute), so wird aus praktischer Erfahrung davon abgeraten, andere Zeichen als a-z, A-Z und 0-9 sowie nötigenfalls den Unterstrich zu verwenden.

In den meisten Software-Projekten werden *Coding Style Guides*, also Richtlinien zur Gestaltung der Quellcodes, befolgt. Solche Konventionen sind sehr sinnvoll, um eine gewisse Einheitlichkeit zu erzielen. Zwei klassische Namenskonventionen sind die gemischte Groß-/Kleinschreibung (der „Kamelhöckerstil", engl. „*camel case*"), z.B. in der Bezeichnung `KontostandAlt`, oder das wortweise Trennen mit Unterstrichen, `kontostand_alt`.

Die im nachfolgenden Abschnitt behandelten reservierten Wörter können allerdings nicht als Bezeichner verwendet werden. Es kann also keine Variable namens `return` geben.

– In den Zeilen //2// und //3// werden die float-Variablen `endkapital` und `zinsen` bereitgestellt. Der Datentyp „float" als Akronym für „floating point", also Gleitkommazahlen, bedeutet, dass hier reelle Zahlen, also Zahlen mit Nachkommastellen, abgespeichert werden können. Und wozu diese beiden Variablen dienen, das erkennt man einmal an den selbstsprechenden Namen sowie an den im Quelltext platzierten Kommentaren.

– Zeile //4// zeigt eine Spezialisierung: hier wird der Speicherplatz namens `zinssatz` als Konstante markiert – also als nicht mehr änderbar.

– In Codezeile //5// wird zum Einlesen einer Tastatureingabe die Bibliotheksfunktion `scanf()` verwendet. Diese Funktion bekommt im hier gezeigten Aufruf zwei durch Komma getrennte Parameter mit: `"%d"` ist der sogenannte Formatstring, er gibt an, dass ein weiterer Parameter folgen wird, der die Adresse eines ganzzahligen (int-)Speicherplatzes angibt.
Mit dem Operatorzeichen `&` wird in C die Adresse eines Speicherplatzes notiert; so ist also `&startkapital` die Adresse der Variablen `startkapital`. Und dort wird der Wert abgespeichert, den der Anwender des Programms eintippt.
Sollte dem Leser das mit den Adressen absolut undurchsichtig vorkommen, dann sei hier bereits auf die späteren Ausführungen, speziell auf den Info-Kasten „Die Telefonliste – Der Trick mit den Adressen" auf S. 54 hingewiesen.

Hinweis

Bereits an dieser Stelle soll vor einem typischen Fehler gewarnt werden: Werden mit der Funktion `scanf()` Werte eingelesen, so sind die Adressen der entsprechenden Variablen anzugeben! Häufig wird in der Eile der Adressoperator & vor einer int- oder float-Variablen vergessen, was i.a. zu einem Programmabbruch führt.

- Zeilen //6// und //7// führen die erforderlichen Berechnungen durch. Mit den Operatoren * und + wird multipliziert bzw. addiert, der Operator = ist der Zuweisungsoperator. Hier wird zunächst berechnet, was rechts von dem Operator = steht, anschließend wird dieses Ergebnis an die Variable links von = zugewiesen.

- Zeile //8// schließlich nutzt wieder die Funktion `printf()` für die Ausgabe auf den Bildschirm bzw. die Konsole. Auch hier wird ein Formatstring verwendet:
  `"Nach einem Jahr betraegt Ihr Guthaben EUR %f.\n"`
  Mit „%f" wird gesagt, dass an dieser Stelle der Wert eines weiteren Parameters als float interpretiert eingefügt werden soll. Und dieser nächste Parameter ist hier `endkapital`.

2.4   Reservierte Worte (Schlüsselwörter)

Die Programmiersprache ANSI C kennt eine Reihe reservierter Worte (Schlüsselwörter, engl. *key words*), die in den nächsten Abschnitten sortiert aufgelistet werden, denn diese Begriffe kann und darf man nicht für andere Zwecke – z.B. zur Benennung von Funktionen – verwenden.

Auf die Bedeutung der einzelnen Schlüsselwörter wird in den nachfolgenden Kapiteln weiter eingegangen werden, die nachstehenden Übersichten können aber bereits als kleine Referenz dienen. Beim ersten Lesen kann dieses Kapitel auch übersprungen werden.

Wichtig zum jetzigen Zeitpunkt: überall dort, wo eigene Namen vergeben werden können (also vor allem für Variablen und Funktionen), muss darauf geachtet werden, dass es sich hierbei nicht um ein Schlüsselwort handelt!

2.4.1   Befehls- und Ausdrucksschlüsselwörter

Die folgenden Schlüsselwörter stehen für Befehle oder bestimmte Ausdrücke in der Sprache C.

```
break   case    continue  default   do      else     (entry)

for     (goto)  if        return    sizeof  switch   while
```

Zwei kurze Anmerkungen zu den in Klammern genannten reservierten Worten. Das Schlüsselwort `entry` ist ein Überbleibsel aus den Pioniertagen von C; es ist in ANSI C nicht inhaltlich implementiert. Das Schlüsselwort `goto` existiert bedauerlicherweise auch noch; mit ihm werden die im Bereich der strukturierten Programmierung als äußerst unmoralisch gebrandmarkten Sprünge gekennzeichnet, mit denen es kinderleicht möglich ist, absolut unverständlichen Programmcode zu schreiben. Selbstverständlich ist es auch ohne Verwenden von `goto` möglich, schwer lesbaren Programmcode zu schreiben. Davon zeugen u.a. etwas pathologisch anmutende Wettbewerbe, bei denen es darum geht, möglichst kurzen Code zu einem gegebenen Problem zu schreiben, der damit natürlich extrem schwer verständlich wird.

Das Schlüsselwort `sizeof` steht streng genommen nicht für einen Befehl, sondern für einen sogenannten Operator. Dieser liefert die Größe (in Bytes) einer Variablen oder eines Datentyps zurück. So ergibt auf einem 32-Bit-Betriebssystem der Ausdruck sizeof(int) üblicherweise den Wert 4, denn für die interne Abspeicherung einer ganzen Zahl vom Typ int(eger) werden 4 Bytes (32 Bit) verwendet.

Wenn im Programmcode die konkrete Größe (Speicherbreite) einer Variablen oder eines Datentyps gebraucht wird, sollte man den Compiler diesen Wert ermitteln lassen. Wird beispielsweise die Größe einer int-Variablen k benötigt, so kann diese mit sizeof(k) oder sizeof(int) berechnet werden.

2.4.2   Schlüsselwörter für Speicherklassen

Auf Speicherklassen wird in einem späteren Kapitel näher eingegangen. An dieser Stelle nur bereits übersichtsartig die dazugehörenden Schlüsselwörter und eine erste kurze Erläuterung.

`auto` kennzeichnet eine Variable, die beim Eintritt in den Gültigkeitsbereich allokiert (d.h. bereitgestellt) und beim Austritt daraus wieder freigegeben wird;

`extern` sind globale Variablen, die für die gesamte Programmlaufzeit allokiert werden;

`register` entspricht in seiner Verwendung der Speicherklasse `auto`. Technisch wird hierbei nach Möglichkeit jedoch ein Hardware-Register belegt; bei modernen Compilern wird dieses Schlüsselwort allerdings recht selten verwendet, da bei der Codegenerierung in der Regel ohnedies optimiert wird.

`static` kennzeichnet Variablen, deren Allokation für die gesamte Programmlaufzeit erfolgt, deren Gültigkeit jedoch (block- oder modul-)lokal festgelegt ist[6].

2.4.3   Schlüsselwörter für Datentypen

Für verschiedene vordefinierte Datentypen stellt C reservierte Worte bereit. Ein Datentyp hat in C zwei Bedeutungen: zum einen legt er fest, wie die betreffenden Daten interpretiert

---

[6]   Ein Block ist in C eine Einheit, die mit geschweiften Klammern begrenzt wird; ein solcher Block ist uns bisher in der Hauptfunktion `main()` begegnet.

werden sollen, beispielsweise als Zahl oder als Zeichen, zum zweiten wird in C damit aber auch gleichzeitig die Speicherplatzgröße vorgegeben. Auf die hiermit erwähnten Datentypen wird im nächsten Kapitel genauer eingegangen werden.

`char`	Zeichen (1 Byte)
`double`	Gleitkommazahl, doppelte Genauigkeit
`enum`	Kennzeichnung für Aufzählungstyp
`float`	Gleitkommazahl
`int`	Ganzzahl
`long`	(oder `long int`): Ganzzahldatentyp
`unsigned`	Kennzeichnung zur Interpretation eines Datentyps ("ohne Vorzeichen"), z.B. "unsigned int" oder "unsigned char"
`short`	(oder `short int`): Ganzzahl
`signed`	Kennzeichnung zur Interpretation eines Datentyps als vorzeichenbehaftet, z.B. `signed int` (= `int`) oder `signed char`
`struct`	Struktur (=Zusammenfassung mehrerer Komponenten zu einem Ganzen)
`typedef`	Festlegen von eigenen Namen für Datentypen
`union`	Variante Struktur
`void`	„leerer" Datentyp bzw. Schlüsselwort für „nichts"

2.4.4   Weitere Schlüsselwörter

Daneben gibt es noch zwei weitere Schlüsselwörter, die der Vollständigkeit halber erwähnt werden sollen.

`const` kennzeichnet einen Datentyp für einen nicht veränderbaren Speicherplatz. Damit wird der Compiler angewiesen aufzupassen, dass eine Variable eines solchen const-Typs nicht versehentlich verändert wird. So kann mit

```
const int gruppenstaerke = 25;
```
eine „konstante Variable" vom Basistyp int angelegt werden. Wir sprechen hier von einer „konstanten Variablen", da es über Umwege in der Tat immer noch möglich ist, den betreffenden Speicherplatz zu verändern! Insofern kennt C keine „echten" Konstanten.

`volatile`: Typattribut für eine Variable, die durch externe Einflüsse (von außerhalb des Programmes) verändert werden kann, beispielsweise durch die Systemuhr. Das Schlüsselwort volatile verhindert in einem solchen Fall, dass der Compiler fälschlicherweise Code optimiert. Siehe hierzu den entsprechenden Abschnitt auf S. 108.

2.5   Übungen

1. Im Abschnitt „Hello, world!" (S. 11) wurde das klassische Einstiegsprogramm gezeigt und erläutert. Erstellen Sie dieses Programm bitte auf Ihrem Computer, compilieren und starten Sie es.

2. Was ist ein Kommentar? Wozu dient dieser? Wie notiert man ihn in C?

3. Wofür steht (z.B. beim Aufruf der printf()-Funktion) der Ausdruck \n ?

4. Nennen Sie bitte zwei Möglichkeiten, wie Sie einen konstant zu haltenden Wert in einem C-Programm festlegen können.

5. Modifizieren Sie das Beispielprogramm zinsen.c (auf Seite 13) so, dass der Anwender auch den Zinssatz von Tastatur eingeben kann bzw. muss.

3   Einfache Datentypen

C kennt im Wesentlichen die von anderen Programmiersprachen gewohnten einfachen (oder elementaren) Datentypen - mit Ausnahme des logischen Typs `boolean` für Wahrheitswerte, wie er etwa in Pascal zu finden ist[7]. Eine Variable wird deklariert und definiert in der syntaktischen Form

```
typname variablenname;
```

Dies Schreibweise verwendet Platzhalter, eine konkrete Deklaration und Definition ist also zum Beispiel die folgende.

```
int zaehler;
```

Deklaration und Definition

Wenn wir sprachlich ganz präzise sein wollen, so unterscheiden wir zwischen der *Deklaration* und der *Definition* einer Variablen (oder später ebenso einer Funktion), auch wenn zunächst beides in einem Zug geschieht.

Die *Deklaration* ist das Bekanntmachen eines Namens, hier also der Name einer Variablen. Die *Definition* ist das Bereitstellen des Speicherplatzes für diese Variable (oder im Falle einer Funktion das Implementieren, d.h. das Schreiben des Funktionscodes). Wird einer Variablen an dieser Stelle bereits ein Wert zugewiesen, so spricht man von *Initialisierung*.

Wir werden später noch sehen, dass Deklaration und Definition nicht immer gemeinsam erfolgen müssen.

Mehrere Variablen desselben Typs können durch Kommata getrennt deklariert und definiert werden.

```
typname variablenname1, variablenname2, variablenname3;
```

Dabei können (manche) Variablen auch direkt initialisiert werden, wie das folgende Beispiel illustriert.

```
int tag = 24, monat = 12, jahr = 2005;
```

Der Operator `sizeof` dient zur Feststellung, wieviele Bytes ein Datentyp oder eine Variable dieses Datentyps benötigen. Beispiele hierzu finden Sie in späteren Kapiteln.

---

[7]   Der C99-Standard sieht einen solchen Datentyp namens `_Bool` vor; wie erwähnt setzen allerdings nicht alle Compiler diesen Standard korrekt um, so dass wir im Folgenden auf die Verwendung dieses Datentyps (mit dem ohnedies etwas eigenwilligen Namen) verzichten wollen.

3.1   Zeichen (char)

Eine Variable vom Datentyp char benötigt im klassischen C acht Bits (also ein Byte) Speicherplatz und kann jeweils ein Zeichen aus dem der Maschine zugrundeliegenden Code (bei uns i.d.R. ASCII, vgl. die Infobox „ASCII- und Binärdateien" auf S. 6) aufnehmen.

Dabei enthält „in Wahrheit" eine char-Variable stets einen ganzzahligen numerischen Wert, der aber für die Interaktion mit dem menschlichen Anwender als lesbares Zeichen interpretiert wird. So entspricht im ASCII das Zeichen 'A' dem numerischenWert 65; arbeiten wir mit dem char-Wert 'A', so handelt es sich bei der rechnerinternen Abspeicherung „in Wahrheit" um den Zahlenwert 65. Anders ausgedrückt: liest der Rechner den Zahlenwert 65 und erhält er durch Angabe des Datentyps char den Befehl, diesen Wert als Zeichen zu interpretieren, so wird automatisch in der ASCII-Tabelle nachgesehen und das Zeichen, das dort der Zahl 65 entspricht, verwendet, hier also das Zeichen 'A'.

Ein kleines Beispiel dazu, das von der Bibliotheksfunktion putchar() Gebrauch macht, mit der ein einzelnes Zeichen auf den Bildschirm geschrieben wird:

```
#include <stdio.h>

int main(void)
{                          /* Die Variable zeichen wird vom    */
    char zeichen;          /* Datentyp char deklariert und     */
    zeichen = 'A';         /* definiert und erhält per Zuweisung*/
                           /* den Wert 'A', numerisch also die 65.
                            */
    zeichen = zeichen + 1; /* Das Rechnen mit Zeichen geht in C!*/
                           /* Nun steht in zeichen der Wert 66, */
                           /* der als char interpretiert dem    */
                           /* 'B' entspricht.                   */
    putchar(zeichen);      /* Ausgabe des aktuellen Inhaltes der
                              Variablen zeichen.                */
    return 0;

} /* end main */
```

Die Variable zeichen kann jeweils eines der 256 Zeichen des (ASCII-)Codes aufnehmen. Die Sprache C unterscheidet hierbei zwei Varianten: signed bedeutet, dass der Datentyp char wie der numerische Bereich -128..127 behandelt wird[8]; demgegenüber bedeutet unsigned, dass char wie der Bereich 0..255 verwendet wird.

---

[8]   Die Notation -128..127 ist in der Informatik üblich für den Bereich aller ganzen Zahlen von -128 bis 127 einschließlich.

Mit oder ohne Vorzeichen: signed vs. unsigned

Eine Variable vom Typ `char` wird als Folge von acht Bits (Nullen und Einsen) abgespeichert, also in genau einem Byte. Dieses Byte wird in C numerisch – als Zahl im Zweiersystem – interpretiert. So entspricht die Bitfolge 0000 0001 auch der Dezimalzahl 1, 0000 0011 steht für $1*2^1+ 1*2^0$, also im Zehnersystem: 2+1 = 3.

Interessant wird es, wenn in dem Byte das am weitesten links stehende Bit, eine 1 enthält. Steht in diesem Bit eine 1, so bedeutet das bei signed-Werten, dass es sich hier um eine negative Zahl handelt. Man spricht bei diesem Bit auch vom Vorzeichenbit. Bei unsigned-Werten dagegen wird „wie gewohnt" weitergezählt.

Sie können dies selbst ausprobieren, indem Sie das nachfolgende Code-Fragment in ein Programm aufnehmen und testen.

```
int i = 128;
signed char sc = i;
unsigned char uc = i;
printf("%d %d",sc,uc);
```

Die nachstehende Tabelle illustriert das Verhalten rund um den Wert 128.

Bitfolge	Interpretiert als signed-Wert	Interpretiert als unsigned-Wert
0111 1110	+126	+126
0111 1111	+127	+127
1000 0000	+128	-128
1000 0001	+129	-127
1000 0010	+130	-126

Welche Interpretation ein konkreter Compiler vornimmt, das ist maschinenabhängig, aber auch vom Programmierer oder von der Programmiererin einstellbar. Auf dem GNU-C-Compiler unter Linux oder Windows ist `char` beispielsweise als `signed` voreingestellt. Auch aus diesem Grund wird in C häufig, z.B. bei der Bibliotheksfunktion `getch()`, der (stets vorzeichenbehaftete) Datentyp `int` (statt `char`) für ein Zeichen verwendet! Diese Betrachtung mag einem logischen Betrachter seltsam vorkommen; wir werden aber sehr schnell sehen, dass C es nicht so genau nimmt mit der Unterscheidung von `char` und numerischen (ganzzahligen) Datentypen: in Wahrheit ist `char` nichts anderes als ein numerischer Datentyp, dessen Ausprägungen lediglich bedarfsweise als Repräsentanten des dem Rechner zugrundeliegenden Codes (z.B. ASCII) interpretiert werden! Das heißt: wenn wir wissen, dass der Großbuchstabe 'A' im ASCII die laufende Nr. 65 besitzt, dann ist es in C vollkommen egal, ob man

```
zeichen = 'A';
```

oder

```
    zeichen = 65;
```

schreibt. Testen Sie es bitte gerne selbst mit dem o.g. kleinen Beispiel!

Will man von der jeweiligen Voreinstellung abweichen bzw. „auf Nummer sicher" gehen, kann man eine Variable explizit als signed char oder unsigned char vereinbaren.

Es gibt in der Standardbibliothek eine Reihe nützlicher Funktionen, die auf einzelnen Zeichen operieren. Dies sind die is*xxx*-Funktionen, die prüfen, ob das fragliche Zeichen einer bestimmten Gruppe von Zeichen angehört, und die tolower/toupper-Routinen, die eine entsprechende Umwandlung vornehmen. Konkret werden einige dieser Funktionen, deren Prototypen in der Headerdatei ctype.h zu finden sind, im nachfolgenden Code-Fragment und im Kapitel „Ein- und Ausgabe und Zeichenketten" (S. 69ff) vorgestellt.

```
    char c = 'A';

    if (isalpha(c))  /* prueft, ob in c ein (US-amerikanischer)
                          Buchstabe steht. */
    {
       printf("c enthaelt den Buchstaben %c.\n",c);
    }

    if (isalnum(c))  /* prueft, ob in c ein (US-amerikanischer)
                          Buchstabe oder eine Ziffer steht. */
    {
       printf("c enthaelt das alphanumerishche Zeichen %c.\n",c);
    }

    if (isupper(c))  /* prueft, ob in c ein (US-amerikanischer)
                          Grossbuchstabe steht. */
    {
       printf("c enthaelt den Grossbuchstaben %c.\n",c);
    }
    if (islower(c))  /* prueft, ob in c ein (US-amerikanischer)
                          Kleinbuchstabe steht. */
    {
       printf("c enthaelt den Kleinbuchstaben %c.\n",c);
    }

    if (isspace(c))  /* prueft, ob in c ein „space", ein Trennzeichen
                          steht (Leerzeichen   */
    {               /* oder Tabulator beispielsweise, vgl.
                          untenstehenden Kasten */
      printf("c=%c ist ein Trennzeichen.\n",c);
    }
```

```
c = 'A';
c = tolower(c);   /* c wird in den entsprechenden Kleinbuchstaben
                      umgewandelt */
                  /* Nun enthaelt c den Buchstaben 'a' */

c = toupper(c);   /* c wird in den entsprechenden Grossbuchstaben
                      umgewandelt */
```

Whitespaces

Die ASCII-Zeichen zwischen den Nummern 9 und 13 einschließlich sowie das Leerzeichen an der Position 32 sind die Trennzeichen („*white spaces*") in ANSI-C.

3.2   Numerische Datentypen

Zentrale Rolle bei den einfachen Datentypen spielen Zahlen. In den meisten Programmiersprachen gibt es hier zwei Familien: die ganzen und die reellen Zahlen bzw. Zahlen mit Nachkommastellen.

Aufgrund der begrenzten Möglichkeiten eines Digitalrechners kann man präzisieren, dass eine Teilmenge der mathematischen ganzen Zahlen (..., -2, -1, 0, +1, +2, ...) sowie eine Teilmenge der rationalen Zahlen (Brüche) genutzt werden können.

3.2.1   Ganzzahlige Datentypen

Der Datentyp int (integer) vertritt den (vorzeichenbehafteten) Ganzzahlbereich, entspricht also auch der Angabe signed int. Der Speicherplatzbedarf ist von ANSI-C nicht fest vorgeschrieben, also system- und maschinenabhängig; beim Unix-Betriebssystemen beträgt dieser aktuell 4 Bytes, bei PC-Compilern in der Regel 2, 4 oder 8 Bytes, je nachdem, ob ein 16-, 32- oder 64-Bit-Betriebssystem verwendet wird. Selbstverständlich werden sich diese konkreten Byte-Angaben im Laufe der Zeit ändern. Bei Verwendung eines aktuellen Compilers auf einem 64-Bit-Betriebssystem wird sizeof(int) dann auch üblicherweise 8 sein.

In der unten auszugsweise abgedruckten Headerdatei limits.h werden symbolische Konstanten bereitgestellt, z.B. INT_MAX, dem größten Wert aus dem Bereich des Datentyps int.

```
/* /usr/include/limits.h  .. stark gekürzt ..             */
#define CHAR_BIT  8      /* Number of bits in a char       */
#define CHAR_MAX  127    /* Max integer value of a char    */
#define CHAR_MIN  (-128) /* Min integer value of a char    */
#define INT_MAX 2147483647 /* Max decimal value of an int  */
#define INT_MIN (-2147483648)/* Min decimal value of an int */
```

Mit unsigned int kann erwartungsgemäß angegeben werden, dass der Speicherplatz
ohne Vorzeichenbit interpretiert wird, der Wertebereich also bei 0 (statt bei INT_MIN)
beginnt. Statt der Deklaration unsigned int i; genügt im übrigen bereits unsigned
i;.

short und long (int) sind weitere Ganzzahldatentypen, jeweils defaultmäßig[9] als
signed interpretiert. Die Größen für diese Datentypen sind wiederum maschinenabhängig,
bei bei den gängigen PC-Compilern belegt ein short-Speicherplatz 2 Bytes und einer vom
Typ long (int) 4 Bytes. Analog zu unsigned int kann auch hier über das
vorangestellte Wort unsigned eine entsprechende andere Interpretation erzwungen werden.

Beispiel:

```
/* Deklaration und Definition einiger numerischen Variablen */
unsigned short   us;
short            ss;        /* = signed short int      */
unsigned long    ul;
long             sl;        /* = signed long           */
```

Die ganzzahligen Datentypen und der Datentyp char (sowie die später erläuterten
Aufzählungstypen) werden auch als *ordinale* oder, etwas irreführend vielleicht, als *integer*-
Datentypen bezeichnet.

3.2.2   Gleitkommazahlen

Mit float, double und long double stehen drei verschiedene Gleitkommatypen zur
Verfügung. Wieder sind die Bereiche maschinenabhängig. Der Begriff „Gleitkommazahl"
verdeutlicht dabei, dass die Anzahl der Nachkommastellen hier nicht festgelegt ist. Es sind
somit Zahlen wie 0.625 und 62.5 gleichermaßen möglich.

Zu den Gleitkommatypen – also den numerischen Datentypen, die Nachkommastellen
zulassen – stehen in der Datei float.h (siehe unten) entsprechende vordefinierte
Konstanten.

```
/* Auszug aus der Header-Datei float.h der ANSI-C-Bibliothek */
#define FLT_MAX          3.40282347E+38
#define FLT_MAX_10_EXP   38
#define DBL_MAX          1.7976931348623157E+308
#define DBL_MAX_10_EXP   308
```
Die hier auftretende Schreibweise 3.40282347E+38 ist den Lesern vermutlich aus der
Schule bekannt, es handelt sich um die wissenschaftliche Exponentialnotation. Dieser Wert
steht für $3.40282347 * 10^{38}$.

---

[9]   Der Begriff „Default" steht für „Standard", hat sich im Kontext der Programmierung eingebürgert und wird
       daher im Laufe des Buches noch einige Male vorkommen.

Mit den hier auszugsweise gezeigten Konstanten kann in einem Programm eine Berechnung sicher gestaltet werden. Sollen beispielsweise die (als positiv angenommenen) Werte zweier float-Variablen a und b addiert werden, so kann die Summe a+b evtl. mathematisch größer sein als die größte im Typ float darstellbare Zahl FLT_MAX:

```
a+b > FLT_MAX
```

Vorbeugend könnte also zuvor geprüft werden, ob

```
a > FLT_MAX - b
```

gilt. Enthält b einen beliebigen positiven float-Wert, so ist der rechnerische Ausdruck FLT_MAX - b auf alle Fälle in float darstellbar. In diesem Falle kann somit eine entsprechende Warnung ausgegeben und die fehlerhafte Berechnung vermieden werden!

3.2.3   Rechenoperationen

Mit numerischen Werten kann selbstverständlich gerechnet werden. Hierzu stehen in C die gewohnten Rechenoperationen (Addition mit +, Subtraktion mit -, Multiplikation mit * und Division mit /) zur Verfügung.

```
int i=1, j=2, k;
float x= 2.25 , y=4.5, z;

//1//
k = i + 2 * j;
//2//
z = (x + y) * (x + y);
//3//
k = i / j;
//4//
z = x / y;
```

Der engagierte Leser wird sicherlich bereits mitgerechnet oder die obigen Codezeilen in seinen Editor eingegeben und als kleines Programm getestet haben? (Welche Werte haben die Variablen z und k denn jeweils?)

In Zeile //1// des o.g. Codes wird – der auch in C realisierten Punkt-vor-Strich-Regel folgend – zunächst der Ausdruck 2 * j berechnet und anschließend zu dem Wert in i addiert; das Resultat wird dann der Variablen k zugewiesen, d.h. in ihr abgespeichert.
In Zeile //2// dagegen wird durch die Klammerung eine andere Abarbeitungsreihenfolge erzwungen; zunächst werden die beiden Klammerausdrücke – beide Male[10] x + y – errechnet und anschließend miteinander multipliziert, das Ergebnis wird in den Speicherplatz z geschrieben.

---

[10]   An dieser Stelle greift bei einem guten Compiler die sogenannte Optimierung: der Compiler kann erkennen, dass es sich zweimal um denselben Wert handelt, der hier ermittelt werden soll, so dass er tatsächlich die Addition nur einmal durchführen muss.

Lediglich bei der in //3// gezeigten Division muss etwas mehr aufgepasst werden, denn es gibt in C zwei verschiedene Divisionen: zum einen die Ganzzahldivision, die nur ganzzahlige Ergebnisse (getreu dem Motto „wie oft passt j in i?") kennt. Im hier gezeigten Beispiel erhält k somit den Wert 0 zugewiesen, denn 1 / 2 ist ganzzahlig dividiert eben 0. Die ganz ähnliche Zeile //4// dagegen zeigt eine Gleitkommadivision, hier wird auch ein entsprechendes Ergebnis mit Nachkommastellen ermittelt.

In Abschnitt „Arithmetische Operatoren" auf S. 38 lernen wir zur ganzzahligen Division noch den Modulo-Operator % kennen.

Hinweis

Bei einer Rechenoperation hängt es konkret davon ab, ob beide Operanden ganzzahlig sind, in diesem Falle wird auch ganzzahlig gerechnet; sobald mindestens einer der beiden Operanden eine Gleitkommazahl (vom Typ float oder double) ist, ist auch die gesamte Rechenoperation eine Gleitkomma-Rechnung.

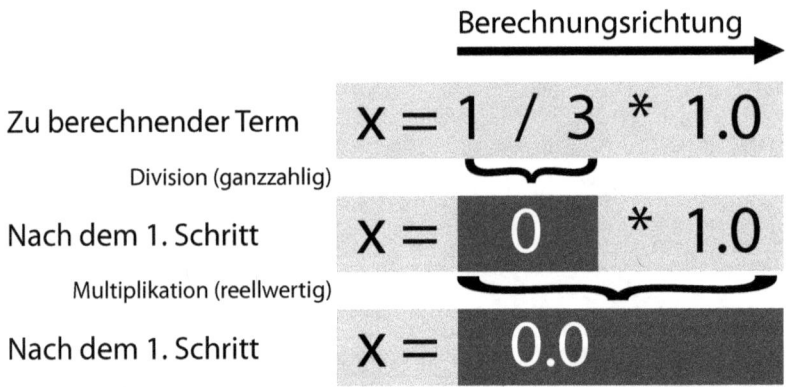

Abbildung 4: Beispiel einer Berechnung mit Operanden unterschiedlichen Datentyps

In der vorangegangenen Abbildung handelt es sich um ein Beispiel einer Berechnung mit Operanden vom Typ int, sowie float. Durch die Berechnungsrichtung, von links nach rechts, wird zunächst eine ganzzahlige Divison durchgeführt. Dies liegt daran, dass die beiden Operanden 1 und 3 vom Typ int sind und somit als ganzzahlig betrachtet werden. Der folgende Berechnungsschritt nimmt das Ergebnis der ganzzahligen Division als Operanden für die Multiplikation mit der Zahl 1.0 (vom Typ float).

Im folgenden Beispiel ist der Term leicht modifiziert und führt zu einem anderen Ergebnis.

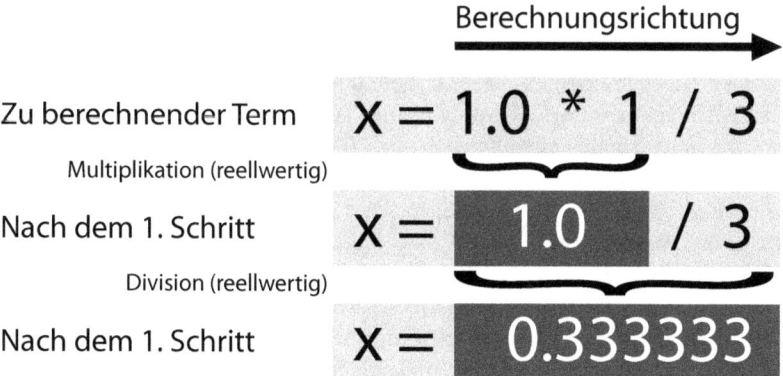

Abbildung 5: Weiteres Beispiel einer Berechnung mit Operanden unterschiedlichen Datentyps

Beim zweiten Beispiel wird zunächst die Multiplikation von 1.0 (float) und 1 (int) durchgeführt. Durch diesen ersten Berechnungsschritt erhält man einen Operanden vom Typ float, für die nachfolgende Division. Beim nächsten Berechnungsschritt wird somit eine reellwertige Division durchgeführt.

Um bei Berechnungen solcher Art zum gewünschten Ergebnis zu kommen bzw. Fehler zu vermeiden, empfiehlt es sich die Berechnungen unter Beachtung der Berechnungsreihenfolge und der Operanden-Datentypen zu prüfen.

Konstanten (Literale)

Eine ganzzahlige Konstante wie 123 hat den Typ int; eine long-Konstante wird (zur Betonung) mit der Endung l oder L geschrieben: 123L ist damit vom Typ long. Ist eine ganzzahlige Konstante zu groß für int, so wird sie jedoch implizit als long interpretiert. Für vorzeichenlose (unsigned) Konstanten kann das Suffix U (oder u) verwendet werden: 123U ist eine Konstante vom Typ unsigned int. Entsprechend ist 123UL ein Konstante vom Typ unsigned long.

Ganzzahlkonstanten können auch *oktal* und *hexadezimal* angegeben werden, d.h. im Achter- bzw. Sechzehnersystem. Beginnt eine ganzzahlige Konstante mit einer 0, so wird sie als Oktalzahl interpretiert: 007 ist (auch) dezimal 7, 010 ist dagegen dezimal 8. Beginnt sie dagegen mit 0x oder 0X, so wird sie hexadezimal interpretiert: 0x1f oder 0x1F stehen für den dezimalen Wert $1*16+15*1 = 31$.

Hexadezimalsystem

Vermutlich kommt hier bei der eifrigen Leserin und dem emsigen Leser Freude auf, Erinnerungen an den Mathematikunterricht werden wach! Vor allem das Sechzehner- oder Hexadezimalsystem, das statt der uns gewohnten Basis 10 die Basis 16 verwendet, ist im Kontext der Digitaltechnik von Bedeutung, da sich mit vier Bits – also einem halben Byte – gerade sechzehn (2^4) Möglichkeiten darstellen lassen. Dies ist genau durch eine einstellige Hexadezimalziffer (0,1,2,...,9,A für 10, B für 11 usw. bis F für 15) ersetzbar. Somit lässt sich ein Byte (= 8 Bits) durch zwei Hexadezimalziffern in kompakter Form schreiben. Das ist zwar ziemlich gewöhnungsbedürftig, und wir wollen dieses Thema an dieser Stelle auch nicht weiter ausführen, aber in der Praxis gibt es einige Einsatzgebiete (z.B. die Angabe von Speicherplatzadressen), bei denen von solchen Hexadezimalzahlen Gebrauch gemacht wird.

Gleitpunktkonstanten enthalten einen Dezimalpunkt (`123.45`) und/oder einen Exponenten (`12E-2` steht für `0.12`, `1.234E2` steht für `123.4`). Ohne ein spezielles Suffix sind diese vom Typ `double`, mit dem Suffix F (oder f) `float`, mit L vom Typ `long double`!

Eine Zeichenkonstante (z.B. `'A'`) wird in C stets als ganzzahlig angesehen. So ist etwa, wie bereits erwähnt, im ASCII-Code `'A'` der Wert 65, `'0'` ist 48. Häufig werden Zeichenkonstanten zum Vergleich mit anderen Zeichen herangezogen.

Gewisse Sonderzeichen können auch in sogenannten Ersatzdarstellungen angegeben werden: der Zeilenvorschub (*LineFeed*) oder der Wagenrücklauf (*Carriage Return*) können als `'\r'` bzw. `'\n'` (auch als *NewLine* gelesen) geschrieben werden. Daneben kann in der Form `'\0???'` bzw. `'\x??'` ein Zeichen oktal (also im Achtersystem) oder hexadezimal angegeben werden.

Beispiel: `'\007'` und `'\x7'` stehen gleichermaßen für das ASCII-Zeichen Nr. 7 (Klingelzeichen).

Hier die Ersatzdarstellungen im Überblick.

```
\a          Klingelzeichen (Bell)

\b          Backspace (ein Zeichen zurück)

\f          Seitenvorschub (FormFeed)

\n          Zeilenvorschub (LineFeed)

\r          Wagenrücklauf (Carriage Return)

\t          Tabulatorzeichen

\v          Vertikaler Tabulator

\\          steht für den Backslash \ selbst
```

```
\a          Klingelzeichen (Bell)
\?          Fragezeichen
\'          Anführungszeichen
\"          doppeltes Anführungszeichen
```

Hinweis

Bitte unterscheiden Sie künftig aufmerksam zwischen `'x'` und `"x"`! Das einfache Hochkomma steht in C für ein einzelnes Zeichen, das doppelte Hochkomma steht jedoch für Zeichenketten (*Strings*), die wir später behandeln werden.

3.3 Aufzählungstypen (enum)

In C gibt es die Möglichkeit, Aufzählungstypen (*enumerated types*) zu vereinbaren, auch wenn diese in dieser Sprache vergleichsweise selten eingesetzt werden.

Aufzählungstypen dienen (ausschließlich) dazu, den Programmcode lesbarer und damit möglicherweise ein Stück weit sicherer zu gestalten, wie wir an den nachfolgenden Beispielen gleich sehen werden.

Mit der Deklaration

```
enum boolean { FALSE, TRUE };
```

wird ein Datentyp `enum boolean` vereinbart; implizit sind damit die (letztlich numerischen) Konstanten `FALSE` (=0) und `TRUE` (=1) vereinbart worden. Allerdings hat C aufgrund seiner äußerst liberalen Lebenseinstellung keine Probleme damit, in einer in diesem Sinne deklarierten boolean-Variablen auch Werte wie 2, `'A'` oder 17 abzuspeichern!

Zwei weitere Beispiele solcher enum-Deklarationen wollen wir uns zur Verdeutlichung ansehen:

```
enum wochentage { MO=1, DI, MI, DO, FR, SA, SO };
```

Das geht auch: `MO` wird damit auf 1 statt auf 0 festgelegt; alle anderen Werte folgen: `DI=2` usw.

```
enum wochentage tag;      /* Deklaration einer Variablen*/
//1//
tag=DI;                   /* und Wertzuweisung          */
```

Die Codezeile //1// macht deutlich, dass in der Variablen `tag` offenbar gerade der Dienstag gespeichert werden soll. Das ist viel selbstsprechender als die Zuweisung z.B. des Wertes 2, denn die 2 kann für alles mögliche stehen. Und eine Zuweisung des Wertes 8 wäre hier offensichtlich unsinnig. Durch Verwenden der o.g. konstanten Bezeichnungen MO bis SO kann ein solcher Fehler gar nicht auftreten.

Die Typen- und die Variablendeklaration können auch in eines gepackt werden: nachfolgend wird der Aufzählungstyp enum faecher deklariert, von diesem gleich eine Variable namens fach bereitgestellt.

```
enum faecher { BWL, INFORMATIKGRUNDLAGEN, MATHEMATIK,
SOFTWAREENTWICKLUNG } fach;
/* ... */
fach=INFORMATIKGRUNDLAGEN;
```

3.4   Selbstdefinierte Datentypen (typedef)

Wie in zahlreichen anderen Programmiersprachen können auch in ANSI-C eigene Typ(nam)en geschaffen werden. Wie bereits die eben behandelten Aufzählungstypen dient auch das Vergeben eigener Typnamen zur besseren Gestaltung des Programmcodes.

Die Syntax für eine solche Typnamendeklaration ist einfach:

```
typedef bekannterTypname neuerTypname;
```
Mit der Deklaration

```
typedef int INTEGER;
```
wird somit ein Datentyp namens INTEGER geschaffen, der synonym mit int verwendet wird. Die Verwendung von typedef wird später sinnvoller werden – insbesondere bei höheren und strukturierten Datentypen. Bereits an dieser Stelle sei aber erwähnt, dass der Quelltext durch die Verwendung eigener Typnamen mitunter viel lesbarer gestaltet werden kann.

Sollen etwa im Rahmen einer zweidimensionalen Zeichnung x- und y-Koordinaten verwendet werden, so kann mit zwei Datentypen

```
typedef int X_KOORDINATE;
typedef int Y_KOORDINATE;
```
schnell Klarheit geschaffen werden, zu welchem Zweck eine (vielleicht stets ganzzahlige) Variable dienen soll.

```
X_KOORDINATE horiz_entfernung;
```

3.5   Der Datentyp void

Einen etwas eigenwilligen bzw. formalen Datentypen kennt (ANSI-)C unter dem Namen void. Hiermit kann explizit gesagt werden, dass eine Funktion keinen Rückgabewert besitzt, oder dass eine Parameterliste leer ist. Das haben wir bereits im Eingangsbeispiel *hello.c* gesehen.

Eine Variable kann (natürlich) nicht vom Datentyp void sein: der Compiler meldet in einem solchen Fall *"unknown size for ..."*, denn der Datentyp void hat keine Größe!

3.6 Typenkonversion (Cast)

Hat ein mehrwertiger Operator mit Werten oder Variablen von verschiedenen Typen zu tun, so wird (häufig) eine implizite oder explizite Typenkonversion – ein sogenannter *Cast* bzw. ein *Type Cast* – durchgeführt.

Hierzu ein kleines konkretes Beispielprogramm, das sich der Leser bitte aufmerksam ansehen – und vielleicht auch selbst einmal testen – möge.

```
/* casting.c - Demonstration von Typenumwandlungen */

#include <stdlib.h>   /* um die Konstante EXIT_SUCCESS
bekanntzumachen¹¹ */

int main(void)
{
    char   c;
    int    i;
    float  x;

    i=65;
    c=i;               /* funktioniert, c=65='A'          */
    c=i+32;            /* geht auch, c=97='a'             */
//1//
    x=7/9*10;          /* geht ebenfalls, ist aber 0,     */
                       /* denn 7/9 ist (als int!) 0 !!!   */
    x=3.45;
    i=x;               /* geht, 3.45 wird abgeschnitten zu 3 */
    x=i;               /* geht natürlich auch             */

    return EXIT_SUCCESS;
}
```

---

[11] Mit der Konstanten EXIT_SUCCESS wird wie zuvor einfach nur der Wert 0 an das Betriebssystem zurückgegeben als Zeichen dafür, dass das Programm ordnungsgemäß beendet wurde. Es ist aber in der Praxis guter Stil, eher den selbstsprechenden Namen EXIT_SUCCESS als den Wert 0 selbst zu notieren; daher werden wir ab jetzt in der Funktion main() auch mit return EXIT_SUCCESS anstelle von return 0 arbeiten. Als Pendant hierzu gibt es für den Abbruch im Fehlerfall die Konstante EXIT_FAILURE.

Wie zu sehen ist, wird es hier spannend, wenn mit Werten verschiedener Datentypen gerechnet wird. Die Zeile //1//

```
x=7/9*10;
```

illustriert ein Problem: während bei 7/9*10 *intuitiv* näherungsweise der Wert 7,77 erwartet wird, stellt der C-Compiler hier fest, dass die Kette 7/9*10 von links nach rechts schrittweise aufgelöst werden muss (also erst 7/9, dann das Ergebnis davon mal 10) und dass 7 und 9 beides ganzzahlige Werte sind (`int`), das Teilen somit als Ganzzahldivision verstanden wird. 9 passt eben 0-mal in 7 hinein! Gemeint ist aber häufig die reellwertige Division, die wir durch Schreiben von

```
x=7.0/9*10;
```

erzwingen können: hier wird der reelle Wert (`float`) 7.0 durch 9 dividiert, dabei wird die 9 automatisch ebenfalls als Gleitkommazahl interpretiert, das Zwischenergebnis ist in der Tat (ungefähr) 0,777. Anschließend kann dieser reelle Wert nun mit 10 multipliziert werden, dabei erhalten wir (auch in C) etwa den Wert 7,77 (Abbildung 4 und Abbildung 5 auf Seite 28 bzw. 29 zeigen eine schematische Darstellung einer solchen Berechnung).

Neben den hier behandelten *impliziten* Typumwandlungen gibt es auch *explizite* Casts: mit der Syntax

```
( typname ) ausdruck
```

wird der entsprechende Ausdruck auf den angegebenen Datentyp „projiziert".

Ein Beispiel:

```
float  x;
x= 7/9;                /* damit wird x auf 0 gesetzt!        */
x= (float)7/9;         /* damit wird x auf 0,777778 gesetzt! */
```

3.7   Übungen

1. Worin bestehen Unterschiede und Gemeinsamkeiten von char- und int-Variablen?

2. Kann das ASCII-Zeichen 'A' in einer int-Variablen abgespeichert werden? Oder muss hierfür eine char-Variable verwendet werden?

3. Wozu dient die `typedef`-Anweisung?

4. Was versteht man unter einem (Type) Cast? Was ist ein implizites, was ein explizites Casting?

5. Erklären Sie, weshalb die Division 7 / 9 in ANSI-C den Wert 0 ergibt.

6. Gibt es in den nachfolgenden beiden Anweisungen einen inhaltlichen Unterschied?
   ```
   x= (float)7/9;
   x= (float)(7/9);
   ```
   Testen Sie es (nach Ihrer theoretischen Antwort) bitte auch praktisch aus!

7. Sagen Sie vorher, welche Rechenergebnisse die u.a. Ausdrücke für x jeweils liefern. Testen Sie dies anschließend bitte wiederum praktisch aus!
   ```
   int i=4, j=5;
   float x;
   x = i / (float)j;
   x = i / j * 10;
   x = i * 10 / j;
   x = 1.0 * i / j * 10;
   x = 1.0 * (i / j) * 10;
   x = 10.0 * i / j;
   x = (10.0 * i) / j;
   x = i / 0.1 * j;
   x = i / (0.1 * j);
   ```

4 Operatoren und Funktionen

In diesem Kapitel geht es um eines der Herzstücke von C: mit den Operatoren und den Funktionen wird die Umsetzung der verschiedenen Algorithmen in die Programmiersprache C erst möglich. Somit wird der interessierte Leser am Ende dieses Kapitels endlich die ersten kreativen Übungsaufgaben vorfinden.

4.1 Operatoren

Im Folgenden sollen kurz überblicksartig sämtliche Operatoren von C vorgestellt werden. Einige davon werden naturgemäß erst zu einem späteren Zeitpunkt verständlich werden.

Unter einem Operator versteht man traditionell primär eine Rechenvorschrift wie + und -; im Rahmen der Programmierung sind Operatoren aber weiter gefasst ähnlich wie Funktionen zu verstehen, nur dass die Operatoren mit einer anderen Syntax aufgerufen werden und in C nicht für eigene Datentypen neu definiert werden können[12].

Einfach formuliert, sind Operatoren Funktionalitäten, die mit einem (oder mehreren) Sonderzeichen geschrieben werden[13], einige kennt man bereits von der Arbeit mit Taschenrechnern: Ausdrücke wie 3+4*2 oder (3+4)*2 dürften dem Leser bekannt sein. Hier erinnern wir uns bereits an die klassische Vorrangregel „*Punkt vor Strich*", die dazu führt, dass der erstgenannte Ausdruck den Wert 11 besitzt, weil zuerst 4*2 berechnet wird und dann erst 3+8. Eine solche Vorrangregel wird bei den Programmiersprachen *Priorität* genannt. Man sagt, dass der Operator * für die Multiplikation „stärker bindet" oder „eine höhere Priorität besitzt" als der Operator +. Im Abschnitt „Übersicht: Prioritäten und Auswertungsreihenfolge" (S. 45) werden wir die Prioritäten aller Operatoren in C auflisten, hier kann der Leser später bei Bedarf nachsehen, wie die Auswertungsreihenfolge bei geschachtelten Operatorausdrücken festgelegt ist.

Demgegenüber gibt es die Möglichkeit mit (in C den runden) Klammern eine andere, abweichende Auswertungsreihenfolge zu notieren. So ist erwartungsgemäß (3+4)*2 gleich 14.

---

[12] Dies ist in der objektorientierten Erweiterung C++ dagegen möglich.

[13] Die einzige Ausnahme ist der mit einem eigenen Schlüsselwort notierte sizeof-Operator, der in Abschnitt 4.1.2 Datentyp-Operatoren vorgestellt wird.

4.1.1   Arithmetische Operatoren

Die Programmiersprache C besitzt für die vier Grundrechenarten die entsprechenden
zweistelligen (sog. binären) arithmetischen Operatoren + (Addition), – (Subtraktion), *
(Multiplikation) und / (Division), die jeweils für alle numerischen Datentypen existieren.
Zweistellig bedeutet hierbei, dass jeweils zwei Operanden benötigt werden: 3+4, 5.3-2.2
etc.

Der Typ des Ergebnisses einer solchen Operation richtet sich dabei nach den Operanden; so
ist der (ganzzahlige Quotient) 7/9 (interpretiert als int) gleich 0, der
(Gleitkomma-)Ausdruck 7.0/9 ergibt jedoch den erwarteten (näherungsweisen) Wert
0,777778!

Das heißt: solange beide Operanden ganzzahlig sind, wird die Rechenoperation, und hier
speziell die Division, auch als ganzzahlige Operation vorgenommen. Bei der ganzzahligen
Division a/b bedeutet dies, wie oft passt b „ganzzahlig" in a hinein; 13/5 ist in diesem
Sinne also 2 (und nicht 2.6).

Daneben gibt es zur ganzzahligen Division noch den Modulo-Operator %, der den Rest bei
der Ganzzahldivision in C darstellt, im Beispiel also 13%5=3.

Ist jedoch mindestens ein Operand ein Gleitkommawert, so findet die gesamte Operation als
Gleitkommaberechnung statt. In C-Schreibweise bedeutet das: 13.0/5 = 13/5.0 =
13.0/5.0 = 2.6.

4.1.2   Datentyp-Operatoren

Wie bereits erwähnt: sizeof ist ein Operator, mit dem die Speicherplatzanforderungen einer
Variablen oder eines Datentyps abgefragt werden können. Daneben ist der cast-Operator noch
zu erwähnen, der eine explizite Typumwandlung erzwingt.

Beispiel:

```
int memory, i;
float x;

memory=sizeof(i);            /* Speicherbedarf von i          */
memory=sizeof(int);          /* Speicherbedarf des Datentyps int
                                */
//1//
i = (int) 13.5;              /* Der cast-Operator (int)       */
//2//
x = (float) 13 / (float) 5;  /* Der cast-Operator (float)     */
```

In Zeile //1// wird der Wert 13.5 auf den Typ int „gecastet" (umgewandelt), der daraus resultierende Wert 13 wird auf die int-Variable i zugewiesen. In Zeile //2// findet die Division 13 / 5 statt, durch die Casts auf float allerdings – wie meist erwünscht – nicht als Ganzzahl-, sondern korrekterweise als Gleitkommaberechnung.

Allerdings muss bei der Verwendung von sizeof(k) darauf hingewiesen werden, dass C eine Reihe von stillschweigenden (impliziten) Typumwandlungen vornimmt. So wird beispielsweise ein Zeichen (char) in der Auswertung eines Ausdrucks zunächst in ein int konvertiert! Daher ergibt sizeof('A') nicht die Größe eines char-, sondern die eines int-Speicherplatzes!

4.1.3   Logische und Vergleichsoperatoren

In C gibt es keinen Datentyp boolean wie beispielsweise in Pascal oder Java. Der neueste C Standard sieht zwar einen solchen „logischen" Datentyp mit dem Namen _Bool vor, in der Praxis hat sich dieser jedoch nicht durchgesetzt, weshalb wir hier nicht weiter auf diesen eingehen wollen. Zudem gelten die weiteren Ausführungen auch für C-Programme nach dem neuesten Standard.

Für C ist jeder numerische Wert ungleich 0 gleichwertig mit TRUE (wahr), nur die 0 wird als FALSE (falsch) interpretiert. Dementsprechend gibt es auch logische Operatoren, die als Ergebnisse die Werte 0 oder „ungleich 0", konkret den Wert 1, zurückliefern. So ist && der logische UND-Operator, || der logische ODER-Operator und ! kennzeichnet die (logische) Negation.

Wir werden die Verzweigung im Programmablauf mit der if-Anweisung im Abschnitt „Logische Ausdrücke und Verzweigung" (S. 88ff) ausführlicher besprechen. An dieser Stelle soll die einfache Verzweigung bereits verwendet werden, um logische Ausdrücke „in Aktion" zu sehen.

```
int a, b;
/* Die Variablen a und b sollen in irgendeiner Form Werte
erhalten ...
Dann koennen wir abfragen, ob a und b denselben Wert annehmen: */
if (a == b)
{
//1//
   printf("a und b sind gleich!");
}
/* Wir koennen auch das Gegenteil abfragen: ist a ungleich b?  */
if (a != b)
{
//2//
   printf("a und b sind nicht gleich!");
}
```

```
/* Pruefen, ob a, b und c alle verschiedene Werte besitzen:      */
//3//
if (a != b  &&  a != c  &&  b != c)
{
    printf("a, b und c sind paarweise verschieden voneinander!");
}
```

Das o.g. kleine Programmfragment ist vermutlich selbsterklärend.

Codezeile //1// wird genau dann ausgeführt, wenn a und b denselben Wert haben. Entsprechend wird Zeile //2// ausgeführt, sofern a und b unterschiedlich sind. Schließlich prüft der letzte Ausdruck in Zeile //3//, ob drei Bedingungen gleichzeitig (verknüpft mit dem logischen Und) zutreffen: nur wenn a ungleich b und a ungleich c und b ungleich c ist, wird das darauffolgende printf() ausgeführt.

So zwischendurch und am Rande gefragt: was wird in nachstehender Formulierung geprüft? (Bitte wiederum zunächst nachdenken, dann erst praktisch testen.)

```
if (a != b  &&  b != c)
{
    printf("...");   /* ??? */
}
```

Hinweis: Verwechseln Sie bitte nicht die logischen mit den bitweisen Operatoren, die im nachfolgenden Abschnitt vorgestellt werden! Die logischen Operatoren UND und ODER bestehen jeweils aus zwei Zeichen: && bzw. ||!

Die üblichen sechs Vergleichsoperatoren besitzt C ebenfalls: mit < wird auf "kleiner als" geprüft, mit > auf "größer als", mit <= bzw. >= auf "kleiner oder gleich" bzw. "größer oder gleich", mit == wird die Gleichheit geprüft und mit != die Ungleichheit.

Noch ein Hinweis: C ist, wie bereits erwähnt, sehr großzügig! Wird versehentlich a=b statt a==b geschrieben, so stört das den C-Compiler nicht; statt der logischen Abfrage a==b „ist a gleich b?" wird jedoch bei „a=b" der Wert von b der Variablen a zugewiesen. Siehe hierzu auch den nachfolgenden Kasten.

> **Fehlerhafte Zuweisung**
>
> Betrachten wir das nachfolgende, logisch nicht korrekte Code-Fragment.
>
> if (i=0)
> {
>   printf("Achtung: i hat momentan den Wert 0.\n");
> }
>
> Was geschieht hier? – In der Bedingung der if-Anweisung wird nicht geprüft, ob i den Wert
> 0 besitzt, sondern der Variablen i wird der Wert 0 zugewiesen! C lässt dies zu, das
> „logische Ergebnis" dieser Zuweisung ist wiederum 0, was als FALSE bzw. falsch
> interpretiert wird. Infolgedessen erscheint nicht der eigentlich gewünschte Hinweis „i hat
> den Wert 0" auf dem Bildschirm!

4.1.4   Bit-Manipulationen

Speziell für die ordinalen Datentypen (char, short, int, long in beiden Varianten signed oder
unsigned) existieren sechs Operatoren für sogenannte Bit-Manipulationen. In der Praxis
werden diese meist für mathematisch-technische Sachverhalte benötigt.

Operator	Wertigkeit	Bezeichnung / Erläuterung
&	binär	bitweise Und-Verknüpfung
|	binär	bitweise Oder-Verknüpfung
^	binär	exclusive Oder-Verknüpfung (XOR)
<<	binär	Bit-Verschiebung nach links (shift left)
>>	binär	Bit-Verschiebung nach rechts (shift right)
~	unär	bitweises Komplement

Da in einem Bit stets nur 0 oder 1 gespeichert werden kann, eignen sich Bits dazu, einfache
„Ja/Nein"-Informationen zu verwalten. In einem einzelnen Bit könnte also beispielsweise
eine einfache Statusinformation verwaltet werden: das spannende C-Buch liegt mir vor
(dargestellt durch den Wert 1) bzw. das Buch liegt mir nicht vor (codiert durch die 0). In
einem ganzen Byte (mit acht Bits) könnten es demzufolge acht solcher Statusinformationen
sein.

Diese bitweisen Operatoren werden an dieser Stelle zunächst nur der Vollständigkeit halber
und zum eventuellen späteren Nachschlagen vorgestellt, beim ersten Lesen kann das
nachfolgende Beispiel auch sehr gut übersprungen werden. Für Interessierte sollen diese
Operatoren dennoch schon einmal exemplarisch im Einsatz gezeigt werden.

```
unsigned char a,b,c;        /* Bitnummer:    7654 3210        */
//1//
a=0x11;          /* = 17         Bitmuster:    0001 0001        */
//2//
b=0x0F;          /* = 15                       0000 1111        */
//3//
c=a & b;         /* c wird gesetzt auf:        0000 0001        */
//4//
c=a | b;         /* c wird gesetzt auf:        0001 1111        */
//5//
c=a ^ b;         /* c wird gesetzt auf:        0001 1110        */
//6//
c=a << 1;        /* c wird gesetzt auf:        0010 0010        */
//7//
c=b >> 2;        /* c wird gesetzt auf:        0000 0011        */
//8//
c=~a;            /* c wird gesetzt auf:        1110 1110        */
```

In den Zeilen //1// und //2// werden die Variablen a und b auf bestimmte Werte bzw. Bitmuster gesetzt. Bei der Arbeit mit Bitmustern ist es in der Praxis üblich, mit Hexadezimalzahlen zu arbeiten, da jede Stelle gerade einem Halbbyte entspricht. So entspricht 0x0F dem Halbbyte 0000 gefolgt von dem Halbbyte 1111 (= dezimal 15 = hexadezimal notiert 'F').

In Zeile //3// werden die beiden Bitmuster (oder Bitfolgen), die in a und in b gespeichert sind, bitweise mit UND verknüpft. Im Ergebnis tritt also nur an der Bitposition eine 1 auf, an der beide Operanden (a und b) ebenfalls eine 1 besitzen.

Zeile //4// illustriert analog die ODER-Verknüpfung: an jeder Bitposition, an der a oder b (oder beide) eine 1 besitzen, hat auch das Ergebnis (hier in c gespeichert) eine 1.

Zeile //5// ist das exklusive ODER, das XOR. Das Ergebnisbit wird auf 1 gesetzt, wenn die entsprechenden Bits der beiden Operanden verschieden sind, sonst auf 0.

Die Zeilen //6// und //7// illustrieren die Shift-Operatoren (Schiebe-Operatoren). Je nach Richtung des Operatorzeichens werden die Bits nach links oder nach rechts geschoben – und zwar um soviele Stellen, wie die Zahl nach dem Operatorzeichen angibt. Die Bitwerte (Nullen und Einsen), die links oder rechts „herausrutschen", gehen verloren. Für eine 8-Bit-char-Variable c ist somit c << 8 stets 0, denn alle acht Bits sind nach links „weggedrückt" worden und aus dem Byte „herausgefallen".

Der Tilde-Operator ~ in Zeile //8// schließlich stellt die bitweise Negation dar, ist also ein unärer Operator, der sich nur auf einen Operanden bezieht.

4.1.5   Zuweisungsoperatoren

Unter einer Zuweisung versteht man das Abspeichern eines Wertes in einem Speicherplatz. Die einfachste Form einer solchen Zuweisung[14] schreibt sich in C wie folgt.

```
a = 15;
```

Hier wird der Variablen a der Wert 15 zugewiesen, d.h. im Speicherplatz a steht nach dieser Anweisung die 15.

Während Pascal und ähnliche Sprachen nur den Operator := für die direkte Zuweisung kennen, gibt es bei C gleich mehrere. Für die folgenden Beispiele seien die Deklarationen int a, b, c; zugrundegelegt.

```
a = b + c;    /* gewöhnliche Zuweisung       */
a += b;       /* steht für a = a + b;        */
a -= b;       /* steht für a = a - b;        */
a *= b;       /* steht für a = a * b;        */
a /= b;       /* steht für a = a / b;        */
a %= 5;       /* a = a % 5;                  */
```

Vereinfacht gesagt: zu jedem zweistelligen (Rechen-)Operator gibt es eine kompakte Variante, die gleich die Zuweisung mit beinhaltet. Denn sehr häufig tauchen in Programmen Veränderungen einer Variablen um einen bestimmten Wert auf; wird beispielsweise zu einer Variablen sehr oft 1 addiert, so können wir statt

```
a = a + 1;
```

einfacher wie folgt schreiben.

```
a += 1;
```

Der Vollständigkeit halber seien hier am Rande auch die Zuweisungsoperatoren zu den bitweisen Operatoren aufgeführt.

```
a &= b;       /* a = a & b;                  */
a |= b;       /* a = a | b;                  */
a ^= b;       /* a = a ^ b;                  */
a <<= 2;      /* a = a << 2;                 */
b >>= a;      /* b = b >> a;                 */
```

4.1.6   Inkrementoperatoren

Die häufig gebrauchte Anweisung i=i+1 (oder auch i+=1) kann (noch) kürzer formuliert werden mit den sogenannten Inkrementoperatoren: i++ oder ++i. Anstelle der C-Anweisung i=i-1 kann geschrieben werden i-- oder --i (Dekrementoperatoren). Die Operatoren ++ und -- (jeweils als vorangestellter Präfix- oder nachgestellter Suffixoperator) inkrementieren (erhöhen) bzw. dekrementieren die betreffende Variable jeweils um 1.

---

[14]   Das englische Wort hierfür ist *assignment*.

Vorangestellt bedeuten diese Operatoren, dass die Variable vor Ausführen der restlichen Anweisung geändert wird, nachgestellt bewirkt der Operator entsprechend die Veränderung danach.

Im konkreten Beispiel:

```
int i=1;
//1//
printf("Momentaner Wert von i: %d \n",i++);
//2//
printf("Und nun hat i den Wert %d.\n",++i);
```

In Zeile //1// wird zuerst die Ausgabe durchgeführt und dabei der momentan geltende Wert i=1 auf den Bildschirm ausgegeben; danach wird i um 1 erhöht und besitzt dann den Wert 2.

In Zeile //2// wird wegen des Präfixoperators ++ zuerst i um 1 erhöht (nunmehr auf den Wert 3), dieser Wert wird dann mit der printf()-Anweisung ausgegeben.

4.1.7   Der Sequenzoperator

Mit dem Sequenzoperator , (also dem Komma-Zeichen) können mehrere Anweisungen zu einer einzigen zusammengefasst werden. Dieser wird später z.B. innerhalb der for-Schleife gelegentlich verwendet. In der Regel sollte jedoch der Sequenzoperator aus Gründen der besseren Lesbarkeit eher sparsam eingesetzt werden.

Beispiel:

```
int i=0,j=1,k=2;

i=1, j*=i, k+=i;  /* Eine "horizontale" Sequenz von drei
                     Anweisungen */
```

4.1.8   Der Bedingungsoperator

In dem Kapitel *Kontrollstrukturen* werden die if- und anderen Verzweigungskonstrukte von C behandelt. Im Reigen der Operatoren findet sich ein einziger dreistelliger (sog. *ternärer*) Operator, der Fragezeichen- oder Bedingungsoperator.

An die Stelle eines beliebigen Ausdruckes kann auch ein Ausdruck der Form

```
bedingung ? ausdruck1 : ausdruck2
```

treten. Trifft die bedingung zu, d.h. ist bedingung != 0, so wird ausdruck1 genommen, andernfalls ausdruck2.

Beispiel:

```
a = b > c ? b : c;
```

Hier wird a der Wert von b zugewiesen, falls b > c ist; andernfalls wird a der Wert von c zugewiesen. Das heißt: effektiv erhält a den größeren der beiden Werte b und c zugewiesen.

4.1.9   Übersicht: Prioritäten und Auswertungsreihenfolge

Nachstehend werden – vor allem zum späteren Nachschlagen – die Prioritäten und die Bewertungsreihenfolgen, die sogenannten Assoziativitäten, der Operatoren in ANSI-C aufgelistet. Wie zuvor schon angeklungen ist, handelt es sich hierbei um zwei wichtige formale Festlegungen, wenn mehrere Operatoren in einem Ausdruck versammelt sind. Zu Beginn dieses Kapitels hatten wir den mathematischen Ausdruck 3+4*2 betrachtet, dessen Punkt-vor-Strich-Regel in C dadurch umgesetzt wird, dass der Operator * eine höhere Priorität hat als das +, so dass hier zuerst 4*2 berechnet wird und dann die Summe 3+8.

Die Auswertungsreihenfolge (oder die sogenannte *Assoziativität*) gibt an, ob – wie meistens gewohnt – ein Ausdruck von links nach rechts oder aber ausnahmsweise auch einmal von rechts nach links abgearbeitet wird. Bei dem Ausdruck 3+4+5 scheint es logisch zu sein, dass erst 3+4 berechnet und dann hierzu die 5 addiert wird.

Wir kennen aber auch mathematische Ausdrücke, die ganz selbstverständlich von rechts nach links berechnet werden: --5 ein solcher Fall. „Minus minus 5" ist das Negative von „minus 5", hier wird also (mit Klammern verdeutlicht) der Ausdruck (-(-5)) berechnet.

Die Prioritäten (also Abarbeitungsreihenfolgen der Operatoren) sind in der nachfolgenden Tabelle von oben nach unten abnehmend aufgeführt; die Operatoren innerhalb einer Zeile werden gemäß ihrer Assoziativität verarbeitet. Der * unter Priorität 14 ist die sog. Pointer(de)referenzierung, die in Kapitel „Pointer" (siehe S. 125) behandelt wird; der Operator * unter 13 ist der bekannte Multiplikationsoperator, die Zeichen + und – unter 14 sind die (einstelligen) Vorzeichenoperatoren, das &-Zeichen unter Priorität 14 ist der Adressoperator, das &-Zeichen unter 8 ist die bitweise Und-Operation.

Priorität	Operator	Assoziativität
15	( ) [ ] -> .	von links nach rechts
14	! ~ ++ -- + - (TYP) * & sizeof	von rechts nach links
13	* / % (Rechenoperationen)	von links nach rechts
12	+ - (binär)	von links nach rechts
11	<< >>	von links nach rechts
10	< <= > >=	von links nach rechts
9	== !=	von links nach rechts
8	&	von links nach rechts
7	^	von links nach rechts
6	|	von links nach rechts
5	&&	von links nach rechts
4	||	von links nach rechts
3	?:	von rechts nach links
2	= += -= /= *= %= >>= <<= &= |= ^=	von rechts nach links
1	, (Sequenz-Operator)	von links nach rechts

Wir wollen uns ein paar Beispiele dazu ansehen.

```
int a=1, b=2, c=3, d, e;
//1//
d = c += b;
//2//
e = ! c == d;
```

In Zeile //1// haben wir zwei Operatoren (= und +=) vor uns, die beide auf Stufe 2 der Prioritätenliste stehen, also gleichberechtigt sind. Sodann wird wegen der Assoziativität des Zuweisungsoperators = (von rechts nach links) zunächst die rechte Seite der Zuweisung (c += b) ausgewertet. Auch bei += handelt es sich um einen Von-rechts-nach-links-Operator, so dass zunächst der Wert von b ermittelt wird (hier ist dies 2), dieser Wert wird dann zu c hinzuaddiert (und wir erhalten für c den Wert 5). Dieser Wert schließlich wird auch auf die Variable d zugewiesen.

Zeile //2// ist schon ein bisschen interessanter. Hier treten drei Operatoren auf: der Zuweisungsoperator = auf der Prioritätsstufe 2, der Negationsoperator ! auf der Stufe 14 und der Vergleichsoperator == auf der Stufe 9. Also steht hier, wenn wir zur Verdeutlichung zusätzliche Klammern schreiben, der folgende Ausdruck.

```
e = ( (!c) == d );
```

Wir erkennen also: hier wird nicht c mit d verglichen und das Ergebnis negiert, sondern hier wird der Wert c negiert und dieses Resultat mit d verglichen! Danach wird das Resultat dieses Vergleichs an e zugewiesen.

Das bedeutet nun konkret: c hat hier den Wert 5, die Negation in C ist das „Umklappen" von 0 zu „nicht 0" und umgekehrt. Das heißt, ! 5 ist 0. Dieser Wert wird nun mit d (also mit der 5) verglichen. Da 0 ungleich 5 ist, erhält e den Ergebniswert 0 im Sinne von „falsch" zugewiesen.

Die nachfolgenden Code-Schnipsel sind wieder zum Selbsttest für den fleißigen Leser gedacht. Bitte wieder zuerst überlegen, was hier jeweils geschieht. Danach darf dann gerne wieder mit dem Compiler praktisch getestet werden.

```
int a=1, b=2, c=3, d=4, e=32;
d += c += b + a;
e /= c += d;
```

Welche Werte haben hier b, c, d und e schließlich?

4.2   Funktionen

Ein ganz wesentlicher Aspekt beim Erstellen von professioneller Software ist die Zerlegung der komplexen Gesamtaufgabe in mehrere einfachere Teile. Programmiersprachen wie ANSI-C unterstützen dies mit dem Mittel der Funktionen, in manchen Sprachen auch Prozeduren genannt. Die Lehrsprache Pascal unterscheidet zwischen Prozeduren und Funktionen, wir verwenden hier aber der Sprache C gemäß nur den Begriff der Funktion. Im Kontext der objektorientierten Software-Entwicklung spricht man – unter bestimmten Voraussetzungen – auch von Methoden.

Eine Funktion dient also dazu, eine bestimmte (Teil-)Aufgabe zu erledigen. Sie umfasst eine Reihe von Anweisungen und kann über eigene (sog. lokale) Variablen verfügen, die dann auch nur innerhalb dieser Funktion existieren. Über eine Parameterliste können einer Funktion Informationen von außen mitgegeben werden, (u. a.) über den Rückgabewert ist es der Funktion möglich, ein Ergebnis zurückzuliefern.

Eine besondere Funktion kennen Sie bereits: main(), das „Hauptprogramm" von C, - diese Funktion ist also der Einstiegspunkt, wenn ein Programm gestartet wird. In gleicher Weise können beliebig viele Funktionen für ein C-Programm deklariert und definiert werden.

Wir haben aber gelegentlich auch schon weitere Funktionen verwendet: printf() und scanf(), zwei Bibliotheksfunktionen (vgl. hierzu den Abschnitt „Bibliotheken und Headerfiles", S. 65), die in stdio.h deklariert werden.

Sehen wir uns zunächst den formalen Aufbau und anschließend einige konkrete Beispiele an.

4.2.1   Formaler Aufbau einer Funktion

Der formale Aufbau einer Funktion ist recht einfach:

```
ergebnistyp funktionsname ( parameterliste )
{
  deklarationen
  anweisungen
}
```

Hierbei ist `ergebnistyp` der (vordefinierte oder selbstdefinierte) Datentyp des Rückgabe-wertes, die `parameterliste` eine – eventuell leere – Komma-getrennte Aufzählung von sog. Übergabeparametern. Wird hier kein Ergebnistyp angegeben, so nimmt der C-Compiler implizit an, dass hier `int` stehen soll, die Funktion also einen ganzzahligen Wert zurückliefert. Es ist jedoch guter Programmierstil, in einem solchen Fall auch explizit den Rückgabetyp `int` zu notieren.

Die Namen von Funktionen können hierbei genauso wie die von Variablen gewählt werden. Vgl. hierzu den Info-Kasten auf S. 15.

Beispiel: Die nachstehende Funktion `zeichneLinie()` dient (nur) dazu, zehn Sterne auf den Bildschirm auszugeben.

```
void zeichneLinie(void)
/* Eine Funktion ohne Parameter, also mit leerer Parameterliste
*/
{
    printf("**********");
}
```

Wie bereits zu einem früheren Zeitpunkt ausgeführt, dient das Schlüsselwort `void` in diesem Beispiel zur ausdrücklichen Festlegung, dass nichts von der Funktion zurückgeliefert und auch nichts über die Parameterliste in Empfang genommen werden soll. Daher steht in der Kopfzeile der Funktion zweimal `void`.

Der Aufruf dieser Funktion geschieht einfach über ihren Namen; an der betreffenden Stelle verzweigt der Programmablauf in die betreffende Funktion und kehrt nach deren Abarbeitung zurück.

```
int main(void)
{
    /* ... */
    zeichneLinie();    /* Hier wird in die Funktion „gesprungen" */

    /* Hier geht es nach Abarbeitung der Funktion weiter */
    return 0;
}
```

Trotz dieser primitiven Funktionalität kann es Sinn machen, eine solche Funktion bereitzu-stellen: erstens kann es sein, dass im Rahmen des gesamten Programms diese Funktionalität sehr häufig gebraucht wird, zum zweiten wäre ggf. ein Wechsel von „zehn Sternen" zu „zwanzig Strichen" sehr einfach zu realisieren, indem nur an einer einzigen Stelle im Code – nämlich in dieser Funktion – die gewünschte Änderung vorgenommen wird.

```
void zeichneLinie(void)       /* neue Version ;-) */
{
    printf("--------------------");
}
```

4.2.2   Parameter und Rückgabewerte

Die Parameter bei einer C-Funktion können von beliebigen Datentypen sein. Es gibt auch die Möglichkeit, auf die hier allerdings (noch) nicht näher eingegangen werden soll, Parameterlisten offen zu gestalten, d.h. nicht bereits bei der Deklaration der Funktion festzulegen, wieviele Parameter die Funktion beim konkreten Aufruf haben soll.

Die Rückgabe einer Funktion ist maximal ein Wert (von einem festgelegten Datentyp). Das heißt, wir können also beispielsweise nicht einfach zwei int-Werte zurückgeben. So ist es nicht möglich eine Funktion zu schreiben, die gleichzeitig den Umfang und die Fläche eines Rechtecks berechnet und zurückliefert.

Beispiel:

```
int quadriere(int wert)
{
    int ergebnis;     /* lokale Variable, nur innerhalb der
                          Funktion verfuegbar */
    ergebnis = wert * wert;
    return ergebnis;
}
```

Die Funktion quadriere() leistet das, was man bei diesem Namen auch erwartet. Aufge-rufen wird sie mit einer ganzen Zahl, deren Quadrat sie dann zurückgibt.

Diese Funktion kann dann wie folgt aufgerufen werden.

```
int zahl=5, ergebnis1, ergebnis2;
ergebnis1 = quadriere(zahl);      /* berechnet 5*5 */
ergebnis2 = quadriere(6);         /* berechnet 6*6 */
```

Übrigens kann diese Funktion quadriere() auch etwas kürzer geschrieben werden.

```
int quadriere(int wert)  /* alternative Implementierung */
{
    return wert * wert;
}
```

Das heißt: es muss nicht zwingend eine gesonderte lokale Variable (wie `ergebnis`) bereit-gestellt werden, die Rechnung kann auch „on the fly" direkt im return-Ausdruck erfolgen.

Die Aufrufbarkeit und Gültigkeit wird im Kapitel zur Modularität eingehender besprochen. An dieser Stelle sei lediglich ausgeführt, dass eine Funktion eine jede andere aufrufen kann, die dem Compiler zu diesem Zeitpunkt bereits bekanntgemacht worden ist. Eine Funktion kann auch sich selbst aufrufen – dies nennt man *Rekursion* (vgl. das betr. Kapitel auf S. 146).

Durch das Formulieren sogenannter *Prototypen*, d.h. dem Voranstellen der Deklarationen der Funktionen vor deren eigentlichen Implementierungen (Definitionen), wird in der Praxis erreicht, dass jede Funktion prinzipiell jede andere aufrufen kann.

Allgemein kann man somit sagen, dass der Prototyp einer Funktion wie folgt aufgebaut ist.

```
ergebnistyp funktionsname ( parameterliste );
```

Es fehlt also die eigentliche Implementierung, d.h. der Code-Block in den geschweiften Klammern, und diese Deklaration wird mit einem Semikolon beendet.

Die Prototypen unserer o.g. Funktionen sehen somit wie folgt aus.

```
void zeichneLinie(void);
int  quadriere(int);
```

Es ist nicht erforderlich, aber durchaus möglich, den Namen des oder der Parameter mitzugeben, dann sieht der Prototyp so aus.

```
int quadriere(int wert);
```

Parameterübergabe: call by value

Ein wichtiger Sachverhalt ist das Prinzip, wie Parameter an eine C-Funktion übergeben werden. Dieses wird *„call by value"*, auf Deutsch also „Wertübergabe", genannt. Dabei wird beim Aufruf der Funktion für jeden Parameter eine Kopie des aktuellen Wertes angelegt. Das hat insbesondere zur Konsequenz, dass innerhalb einer Funktion der Original-Speicherplatz nicht verändert werden kann, wie wir es im nachfolgenden Beispiel zeigen. Bei den weiteren Beispielen erläutern wir später indes, mit welchem „Trick" es dann – trotz dieses call by value-Prinzips – doch möglich sein wird, Original-Speicherplätze zu verändern!

```
/* Prototyp(en) der Funktion(en) */
float umfang(float, float);

/* Hauptprogramm */
int main(void)
{
    float x=5.5, y=3.5;
    /* x und y sind die Originalspeicherplaetze in main */
    float umf; /* Hilfsvariable fuer den berechneten Umfang */
```

```
//1//
   umf = umfang(x,y);
/* Aufruf der Funktion umfang() mit Kopien der aktuellen */
/* Werte von x und y                                      */

   printf("Das Rechteck mit den Seitenlaengen %f und %f ",x,y);
   printf("hat den Umfang %f.\n",umf);

   return EXIT_SUCCESS;
}


/* Und nun die Implementierung (Definition) der Funktion(en) */

/* Funktion zur Berechnung des Rechteck-Umfangs.
   Parameter: Die beiden Seitenlaengen des Rechtecks. */
//2//
float umfang(float seite1, float seite2)
{
   return 2 * (seite1 + seite2);
}
```

Bei dem konkreten Aufruf in Zeile //1// wird der momentane Wert der Variablen x – hier also 5.5 – in den Parameter seite1 (vgl. die Implementierung der Funktion ab Zeile //2//) hineinkopiert. Entsprechend wird der aktuelle Wert von y – hier 3.5 – in den Parameter seite2 kopiert. Innerhalb der Funktion umfang() wird nur mit den Speicherplätzen seite1 und seite2 gearbeitet; deren Werte können zwar prinzipiell innerhalb der Funktion geändert werden, dies hätte aber keinerlei Auswirkung auf die „Originale" x und y aus dem Hauptprogramm.

Eine kurze Frage zwischendurch an den Leser: hätte man in Zeile //2// auch die Parameternamen x und y statt seite1 und seite2 verwenden können? Wenn Sie sich unsicher sein sollten, testen Sie es praktisch!

Einige Beispiele

Sehen wir uns einige weitere einfache Beispiele für Funktionen und deren Aufrufe an.

Beispiel 1: Hier geht es um die etwas vereinfacht dargestellte Berechnung der Gesamt-flächen, die bei einem Zimmer z.B. im Rahmen einer Renovierung zu streichen wären. Neben dem Prinzip, wie Funktionen implementiert und aufgerufen werden, geht es hier auch um das Zerlegen von Problemstellungen. Anstatt in main() die Gesamtberechnung bis in das kleinste Detail selbst durchzuführen, werden Teilaufgaben an die (Hilfs-)Funktionen delegiert.

```
/* malermeister.c */
#include <stdio.h>

/* Prototypen der Funktionen */
float Wandflaechen(float, float, float);
float Deckenflaeche(float,float);

/* Hauptprogramm */
int main(void)
{
    float seite1=4.50, seite2=6.35, hoehe=2.35;

    float gesamtflaeche = Wandflaechen(seite1,seite2,hoehe)
                         +Deckenflaeche(seite1,seite2);

    printf("Die gesamte Flaeche betraegt %f.\n",gesamtflaeche);

    return EXIT_SUCCESS;
} /* end main */

/* Implementierung (Definition) der Funktion(en) */
float Wandflaechen(float seite1, float seite2, float hoehe)
{
    /* Hilfsvariablen fuer die vier einzelnen Wandflaechen */
    float flaeche1, flaeche2, flaeche3, flaeche4;

    /* Die erste Wandflaeche habe keine Fenster oder Tueren */
    flaeche1 = seite1 * hoehe;

    /* Die zweite Wand verfuege ueber zwei Fenster mit je 2.5 qm
       Flaeche */
    flaeche2 = seite2 * hoehe - 2 * 2.5;

    /* Die dritte Wand enthalte eine Tuere, Breite 0.9 m (und
       „volle Hoehe") */
    flaeche3 = seite1 * hoehe - 0.9 * hoehe;

    /* Die vierte Wand enthalte eine schmale Tuere (Breite 0.65m
       und Hoehe 1.80m) zu einem kleinen Abstellraum */
    flaeche4 = seite2 * hoehe - 0.65 * 1.80;

    return flaeche1+flaeche2+flaeche3+flaeche4;
} /* end Wandflaechen() */
```

```
float Deckenflaeche(float seite1, seite2)
{
    return seite1 * seite2;
} /* end Deckenflaeche() */
```

Beispiel 2: In diesem Beispiel geht es um ganz elementare Berechnungen bei einem Kreis. Wir wollen an dieser Stelle aber noch einmal die Problematik aufgreifen, wie es in C trotz des call-by-value-Prinzips gelingt, mittels einer Funktion einen Originalspeicherplatz (z.B.) aus dem Hauptprogramm zu verändern. Dies geschieht in der Zeile //2// im nachfolgenden Code mit der Eingabefunktion scanf().

```
/* kreis.c */
#include <stdio.h>

/* Prototypen: Bekanntmachen aller Funktionen, damit u.a.
   main() diese aufrufen kann.                              */
//1//
float KreisFlaeche(float);   /* Prototyp der Funktion */

int main(void)
{
    float radius;
    printf("\nBitte einen Radius eingeben: ");
//2//
    scanf("%f",&radius);          /* Einlesen eines float-Wertes */
//3//
    printf("Radius: %f   Kreisfläche %f",
            radius,KreisFlaeche(radius));

    return EXIT_SUCCESS;
} /* end main */
float KreisFlaeche(float r)
{
    #define PI  3.1415926   /* #define kann überall im Source
                               stehen¹⁵ */
    return PI*r*r;
} /* end KreisFlaeche */
```

Bei diesem kleinen Beispielprogramm ist wieder einiges neu.

Zunächst einmal sehen wir (entsprechend kommentiert) in Zeile //1// einen sogenannten Prototypen der Funktion KreisFlaeche(). Hier wird dem Compiler mitgeteilt, dass es

---

[15] Es ist allerdings guter Brauch (und insgesamt übersichtlicher), alle #define-Direktiven möglichst zu Beginn der C-Quelltextdatei zu platzieren.

eine solche Funktion geben und welchen Rückgabewert/typ sowie welche Parameterliste sie haben wird. Der Prototyp wird mit Semikolon abgeschlossen.

Im Hauptprogramm `main()` ist der Aufruf von `scanf()` neu (Zeile //2//). Damit werden Informationen von der Tastatur eingelesen. Wie `printf()` ist auch `scanf()` in `stdio.h` vereinbart; auf einige der zahlreichen Möglichkeiten von `scanf()` soll an anderer Stelle (siehe Seite 79) eingegangen werden. Hier eine erste „lokale" Erläuterung: `scanf()` erwartet als ersten Parameter einen sogenannten Formatstring – ähnlich wie `printf()`. In unserem Beispiel wird mit `"%f"` gesagt, dass ein float-Wert eingelesen werden soll. Als zweiter Parameter wird mit `"&radius"` formuliert, dass `scanf()` die Adresse der Variablen[16] `radius` verwenden soll, um an diese Stelle den von Tastatur eingelesenen Wert abzuspeichern. Dies ist der angekündigte „Trick", wie trotz des call by value-Prinzips die Variable `radius` dennoch innerhalb der Funktion verändert werden kann: es wird die Speicheradresse von `radius` übergeben, über diesen Weg kann dann der Original-Speicherplatz `radius` des Hauptprogramms angesprochen und verändert werden.

Die Telefonliste – Der Trick mit den Adressen

Die Thematik „call by value" und der Trick mit der Adressübergabe sind klassische Stolpersteine für C-Neulinge. Daher bemühen wir hier eine kleine Analogie zum hoffentlich besseren Verständnis.

Stellen Sie sich vor, Sie sind in einer Studiengruppe und verwalten eine gemeinsame Telefonliste, die im Seminarraum an der Pinnwand links oben aufgehängt wird. Benötigt nun jemand eine bestimmte Telefonnummer, so kann man entweder an der Pinnwand direkt vorbeigehen und das Original einsehen, es genügt aber auch eine Fotokopie dieser Liste.

Will jedoch einer der Studenten die Änderung seiner Telefonnummer allen zugänglich machen, dann genügt es natürlich nicht, wenn er die neue Nummer auf eine Kopie der Originalliste notiert. In diesem Fall muss das Original geändert werden – und dies gelingt nur, wenn der Student weiß, wo die Originalliste hängt. Das bedeutet, er benötigt die Information „an der Pinnwand links oben". Und das ist im technischen Fachjargon genau die „Adresse der Variablen telefonliste".

Eine Funktion in C bekommt als Parameter stets eine („Foto-") Kopie, das ist das call-by-value-Prinzip. Um dennoch eine Variable im Original ändern zu können, muss der Funktion die Adresse der Variablen mitgegeben werden, also die Angabe, wo im Arbeitsspeicher die Variable steht.

Beachten Sie bitte, dass beim Einlesen von Variablen der einfachen Datentypen wie char, int, float usw. der Adressoperator & verwendet wird. Die Funktion scanf() muss wissen, an

---

[16] Es sei der Vollständigkeit halber angemerkt, dass auf eine `register`-Variable der Adressoperator & nicht angewendet werden kann!

welcher Speicheradresse sich die Variable befindet, nur so kann der von Tastatur eingelesene Wert korrekt abgespeichert werden!

Neu ist bei `printf()` in Zeile //3// eine entsprechende Erweiterung: auch hier ist nun der erste Parameter (`"Radius: %f    Kreisfläche: %f"`) ein sogenannter Formatstring, der zweite und dritte Parameter sind die `float`-Variable `radius` und der Funktionsaufruf `KreisFlaeche(radius)`, der einen `float`-Wert zurückliefert. `"%f"` steht also auch hier wieder für die sachgemäße Interpretation der beiden Werte durch `printf()`.

Nach `main()` folgt nun (erstmals) eine weitere Funktion, hier `KreisFlaeche()`. Der formale Aufbau ist mit dem von `main()` vollkommen vergleichbar. Als Parameter wird ein `float` namens `r` vereinbart, als Rückgabetyp wird ebenfalls `float` benannt. Im Block der Funktion, d.h. zwischen den geschweiften Klammern, wird zunächst durch den Präprozessor `PI` auf den allseits bekannten Wert `3.1415926` gesetzt, dann wird mit dem Schlüsselwort `return` der Rückgabewert festgelegt. An dieser Stelle wird übrigens die Funktion auch schon wieder verlassen, selbst wenn anschließend noch weitere Anweisungen folgen sollten!

4.2.3   Variable Parameterlisten

Einen schon etwas fortgeschritteneren Aspekt stellt die Möglichkeit dar, Funktionen zu schreiben, bei denen die Anzahl der Parameter nicht starr festgelegt ist. Dies kennen wir bereits von der Standardfunktion `printf()` zur Ausgabe auf die Konsole. Korrekte Aufrufe dieser Funktion sind beispielsweise die folgenden.

```
printf("Hallo!\n");
printf("Hallo %s!\n",name);
printf("Hallo, es ist %2d:%02d h!\n",stunde,minute);
```

Damit wir eine Funktion mit einer solchen variablen Parameterliste selbst schreiben können, benötigen wir die Headerdatei stdarg.h. Wir erkennen eine Funktion mit variabler Parameterliste an der sog. *„Ellipse"*, den drei Punkten.

```
int beispiel(float, int, ...);
```

Dies besagt, dass die Funktion *beispiel()* mit mindestens zwei Parametern (einem float und einem int) aufgerufen wird; es sind jedoch auch drei, vier oder mehr Parameter möglich, wobei die ersten beiden Parameter sogenannte Pflichtparameter sind, die auch von den genannten Datentypen sein müssen. Generell gilt, dass die Pflichtparameter vorne stehen müssen, dahinter kommt der variable Teil der Parameterliste. Grundsätzlich korrekte Aufrufe der hier skizzierten Funktion `beispiel()` sind demnach die folgenden.

```
int resultat;
resultat = beispiel( 2.34, 1 );
resultat = beispiel( 2.34, 1, 17 );
resultat = beispiel( 9.99, 10, "Hallo!", "Guten Tag!", 0);
```

Dass solche variablen Parameterlisten in ihrer Verwendung fehleranfällig sind, muss vermutlich kaum betont werden. Schließlich müssen die übergebenen Parameter korrekt verarbeitet werden und es gibt keine Gewähr, dass die Anzahl und Typen der Parameter stets richtig sind!

Der nachfolgende Code-Auszug zeigt eine Funktion Max(), die zu einer beliebigen Anzahl von int-Parametern den größten Wert zurückliefert.

```
//1//
int Max(int anzahl, ... )
{
    int maxarg;         /* Das zu ermittelnde Maximum         */
    int arg;            /* Der aktuell behandelte Parameter   */

//2//
    va_list argptr;     /* Eine Liste der weiteren Parameter */
    if (anzahl <= 0)
    {
        return 0;    /* Standardrueckgabe bei fehlerhafter Anzahl */
    }

//3//
    va_start(argptr, anzahl);

//4//
    maxarg = va_arg( argptr, int );
    anzahl--;
    while(anzahl > 0)   /* die weiteren Argumente werden
                          verarbeitet */
    {
//5//
        arg = va_arg(argptr, int);
        if (arg > maxarg)
        {
            maxarg = arg;
        }
        anzahl--;
    }

//6//
    va_end( argptr );   /* argptr wird nicht mehr benoetigt, also
                          wieder zurueckgesetzt */
    return maxarg;
}
```

In Zeile //1// wird die Funktion Max() deklariert. Hier wird die o.e. „*Ellipse*" verwendet. Das bedeutet: diese Funktion können wir mit ein, zwei oder mehr Parametern aufrufen. Nur der erste Parameter (namens anzahl) ist im konkreten Beispiel Pflicht. In Zeile //2// wird eine spezielle Variable argptr bereitgestellt; inhaltlich handelt es sich hierbei um die Liste aller Parameter, mit der diese Funktion aufgerufen wird; diese Variable wird in Zeile //3// mit va_start() initialisiert. Hierzu muss der letzte Pflichtparameter der Funktion mitgegeben werden, hier also anzahl. In den Zeilen //4// und //5// wird mit mehreren Aufrufen von va_arg() ein Parameter nach dem anderen verarbeitet; in unserem Beispiel soll es sich jeweils um int-Werte handeln, also können wir darüber das Maximum ermitteln. Abschließend wird in Zeile //6// argptr wieder sauber zurückgesetzt. Bei der hier gezeigten Situation wäre dies natürlich de facto nicht mehr zwingend erforderlich, da wir keinen weiteren Zugriff auf argptr nehmen.

Korrekte Aufrufe dieser Funktion sind somit:

```
int ergebnis;
ergebnis = Max(4, 12, 17, 15, 10);
ergebnis = Max(3, 1, 2, 3);
```

Frage an den Leser: Was geschieht, wenn wir die Funktion mit einer inkorrekten Anzahl von Parametern aufrufen? Zum Beispiel Max(4, 1, 2, 3)? (Probieren Sie es aus!)

Für diejenigen, die eine weitere (sinnvolle) Anwendung variabler Parameterlisten sehen möchten, wird nachstehend ein Beispiel gezeigt, in dem eine Funktion Ausgabe() ähnlich wie die vordefinierte Funktion printf() realisiert wird. Hierbei werden exemplarisch die Formate %s, %f und %k für eine Zeichenkette, eine double-Zahl und eine 10-stellige Kontonummer erkannt und verarbeitet. Bankenüblich wird dabei ein negativer Geldbetrag als „Soll" ausgewiesen, ein positiver mit „Haben". Der Programmablauf wird im Anschluss an den Quellcode gezeigt.

```
/*
   varargsdemo.c
   Beispiel einer Funktion mit variabler Parameterliste in ANSI-C.
*/
#include <stdio.h>
#include <stdlib.h>
#include <stdarg.h>

/* Notation der "Ellipse" (= "...") fuer eine variable
   Parameterliste */
void Ausgabe(char *, ... );
void DrawLine(char, int);

int main(void)
{
    DrawLine('-',70);
```

```
    printf("%-51s    %10s\n","Kontostandsmitteilung","EUR");
    DrawLine('-',70);
    Ausgabe("Konto %k von %s  %f\n",12345,"Krause, Bernd",
            -2050.50);
    Ausgabe("Konto %k von %s  %f\n",303904951,"Krause,
            Gabi",12050.37);
    Ausgabe("Konto %k von %s  %f\n",1000302040,"Steinbichler,
            Xaver",-20.25);
    Ausgabe("Konto %k [Kontoinhaber wird nicht gelistet]
            %f\n",777,33902.11);
    DrawLine('-',70);


    return EXIT_SUCCESS;
} /* end main */

void Ausgabe(char *spec, ... )
{
    va_list argptr;
    char *s=spec;
    va_start(argptr,spec);
    /* Hole die Spezifikation: %s fuer eine Zeichenkette,
     *                         %f fuer eine double-Zahl,
     *                         %k fuer eine 10stellige
                               Kontonummer                      */
    while (*s)
    {
        if (*s == '%') /* Formatierungen angelehnt an printf */
        {
            s++;
            switch(*s)
            {
                case 'f':
                    {
                        double tmp=va_arg(argptr,double);
                        if (tmp < 0)
                        {
                            printf(" %10.2f  Soll ",-tmp);
                        }
                        else
                        {
                            printf(" %10.2f Haben ",tmp);
                        }
                        break;
                    }
```

```
                    case 'k':
                        printf("%10d",va_arg(argptr,long));
                        break;
                    case 's':
                        printf("%-30s",va_arg(argptr,char*));
                        break;
                    default:
                        printf("%c",*s);
                        break;
                } /* end switch */
            }
            else
            {
                putchar(*s);
            }
            s++;
        } /* end while *s */
        va_end(argptr);

} /* end Ausgabe */


void DrawLine(char c, int anzahl)
{
    int i;
    for (i=0; i<anzahl; i++)
    {
        putchar(c);
    }
    putchar('\n');
} /* end DrawLine */

/* end of file varargsdemo.c */
```

Das Ablauflisting dieses kleinen Programms sieht aus wie folgt.

```
----------------------------------------------------------------
Kontostandsmitteilung                                        EUR
----------------------------------------------------------------
Konto      12345 von Krause, Bernd                2050.50  Soll
Konto  303904951 von Krause, Gabi                12050.37  Haben
Konto 1000302040 von Steinbichler, Xaver            20.25  Soll
Konto        777[Kontoinhaber wird nicht gelistet] 33902.11 Haben
----------------------------------------------------------------
```

4.3   Der Präprozessor

Wie bereits erwähnt, fällt die erste Arbeit bei der C-Programmentwicklung, die der Compiler zu erledigen hat, an den C-Präprozessor. Er ist im Wesentlichen für Textersetzungen und die Compilersteuerung zuständig.

Hinweis: Für das erste Lesen und die einfacheren Übungen sind in diesem Kapitel nur die nächsten beiden Abschnitte zu den Direktiven #include und #define erforderlich. Insbesondere beim Abschnitt „Digraphen, Trigraphen und Zeichenquotierung" handelt es sich um ein Spezialthema, da dies insbesondere auf die Verwendung von Compilern der älteren Generation ausgelegt ist.

4.3.1   Include-Direktive

Zum einen werden von diesem die `#include`-Zeilen ausgewertet, die angesprochenen Dateien (Include-Files) zur Compilationszeit eingebunden. Hierbei handelt es sich in der Regel um Headerfiles, d.h. um Quelltextdateien, in denen (nur) Deklarationen stehen. Solche Dateien tragen die Endung *.h*; es können aber prinzipiell auch andere Quelltextteile ausgelagert und includiert werden.

Wird der Name des Headerfiles in spitzen Klammern angegeben (`#include <stdio.h>`), so wird im festgelegten (Compiler-)Pfad – bei UNIX-Systemen ist dies zum Beispiel meist das Verzeichnis `/usr/include` – nach der Datei (`stdio.h`) gesucht. Wird der Name der Datei dagegen in doppelten Hochkommata angegeben (`#include "myprog.h"`), so wird im aktuellen Verzeichnis (bzw. in dem eventuell angegebenen relativen oder absoluten Pfad) gesucht.

Eine umfassende Darstellung aller Headerfiles der Standardbibliothek (standard library) von C findet der Leser in dem Buch „*C in a Nutshell*" (siehe Literaturverzeichnis). Auf einige dieser Include-Dateien werden wir aber auch kurz in „Bibliotheken und Headerfiles" auf S. 65 eingehen.

4.3.2   Define-Direktive

Weiterhin leistet der Präprozessor Textersatzfunktionen mittels `#define`. Das ist sehr praktisch, wenn innerhalb des gesamten Programms gewisse Werte oder Begriffe immer wieder verwendet werden, sich jedoch bei einer späteren Überarbeitung des Programms auch ändern könnten. Dann muss nur an einer zentralen Stelle der Quellcode angepasst werden.

Eine solche Definition hat die Form

```
#define  name   ersatztext
```

und sorgt dafür, dass überall, wo in dem ursprünglichen Quelltext name vorkommt, in der erweiterten Quelltextfassung ersatztext steht.

```
//1//
#define   STEUERSATZ   12

float netto, brutto;
netto = 150.00;
//2//
brutto = netto + netto * STEUERSATZ / 100;
```

Im obigen Beispiel wird zunächst in Zeile //1// der Steuersatz auf 12% festgelegt, in Zeile //2// wird dieser dann exemplarisch verwendet. Sofern man für den Steuersatz nicht aus anderen Gründen ohnehin lieber eine Variable definieren möchte, hat das `#define` den Vorteil, dass bei einer späteren Änderung des Steuersatzes dieser nur an einer einzigen Stelle – noch dazu ganz zu Beginn der Datei – abgeändert werden muss.

Diese Textersetzung mittels `#define` wird jedoch nicht innerhalb von Zeichenketten durchgeführt! name kann dabei einer der üblichen Namen sein, per Konvention schreibt man diesen meist in Großbuchstaben; der ersatztext darf irgendeine Zeichenkette sein, die sogar nötigenfalls über mehrere Zeilen gehen kann. In diesem Fall muss auf der vorherigen Zeile mit einem Backslash \ abgeschlossen und in der ersten Spalte der Folgezeile fortgesetzt werden.

Hierzu ein paar kleine Beispiele.

```
#define   MAXIMUM    120
#define   MINIMUM    100
#define   ANZAHL     (MAXIMUM-MINIMUM+1) /* funktioniert auch! */
#define   SONDERFALL (i + \
+ i)       /* Beispiel fuer ein define mit mehreren Zeilen    */
```

4.3.3   Makros

Darüber hinaus können aber auch über den Präprozessor Makros mit Parametern definiert werden. Dabei handelt es sich um funktionsähnliche `#define`-Direktiven, bei denen die Textersetzungen variierbare Bestandteile besitzen. Sehen wir uns dies am besten gleich mit konkreten Beispielen an.

```
#define   SQUARE(x)   ((x)*(x))
```

Hiermit wird vereinbart, dass `SQUARE(x)` ein solches Makro ist, bei dem x dynamisch ersetzt wird. Die C-Anweisungen

```
y = SQUARE(3);
z = SQUARE(y);
```

werden dann vom Präprozessor expandiert zu

```
y = ((3)*(3));
z = ((y)*(y));
```

Die Klammerung im Textersatz in der Definition von SQUARE ist übrigens durchaus sinnvoll! Wird die Anweisung

```
y = SQUARE(x1+x2);
```

vom Präprozessor gelesen, so wird daraus bei obiger Definition korrekt die Zeile

```
y = ((x1+x2)*(x1+x2));
```

Betrachten wir dagegen die folgende Definition.

```
#define SQUARE(x)    x*x
```

Die Anweisung

```
y = SQUARE(x1+x2)+x3;
```

wird damit (nur auf den allerersten Blick überraschend) ersetzt zu

```
y = x1+x2*x1+x2+x3;
```

Wie man leicht sieht, ist dies wegen der Punkt-vor-Strich-Regel nicht das Gewünschte!

Im Gegensatz zu Funktionen ist es bei den Makros übrigens gleichgültig, welche Datentypen auftreten bzw. verwendet werden: der Präprozessor macht schließlich nur eine einfache Textersetzung und keinerlei semantische Typüberprüfung!

Insofern sind parametrisierte Makros immer fehleranfällig gegenüber Typ-Problemen. Auch das nachfolgend gezeigte Beispiel funktioniert offensichtlich nur für geeignete Datentypen.

```
#define  AUSGABE(zahl1,zahl2)  printf("%d, %d",zahl1,zahl2)
```

Inhaltlich wird mit dem Makro-Aufruf

```
AUSGABE(20,30);
```

„in Wirklichkeit" die Funktion printf() in nachfolgender Form aufgerufen.

```
printf("%d + %d = %d",20,30,20+30);
```

Wegen der Formatierung mit %d im Aufruf der Funktion printf() funktioniert dieses Makro natürlich nur mit int-Werten korrekt!

Der Makro-Operator # ermöglicht es, bei Bedarf auf den Namen einer Makro-Variablen zuzugreifen. Daneben gibt es noch den Makro-Operator ##, mit dem die Namen von zwei Makro-Parametern aneinandergehängt (im Fachjargon: „konkateniert") werden können. Dieser Operator kommt jedoch in der Praxis sehr selten zum Einsatz.

Sehen wir uns noch ein weiteres Beispiel an. Die dabei verwendete Formatanweisung %s in der printf()-Funktion steht für Zeichenketten; auf diese werden wir im Kapitel Ein- und Ausgabe und Zeichenketten (S. 69) näher eingehen.

```
#define EINGABE(x) printf("%s eingeben:",#x); scanf("%d",&x);
```

Aus dem Code-Fragment

```
int wert1, wert2;
EINGABE(wert1);
EINGABE(wert2);
```

generiert der Präprozessor somit den nachfolgenden Quelltext.

```
int wert1, wert2;
printf("%s eingeben:","wert1"); scanf("%d",&wert1);
printf("%s eingeben:","wert2"); scanf("%d",&wert2);
```

Der Programmablauf sieht demnach so aus:

```
Bitte wert1 eingeben: 10
Bitte wert2 eingeben: 20
```

Die Werte *10* und *20* sind hierbei mögliche Benutzereingaben.

4.3.4 Bedingte Compilation

Es sei noch auf eine weitere, in der Praxis sehr wichtige Anwendung von #define hingewiesen: die *bedingte Compilation*. Darunter versteht man die Möglichkeit, ein Quelltextstück
nur unter einer gewissen Voraussetzung überhaupt compilieren zu lassen. Diese
Voraussetzung ist das Definiertsein einer symbolischen Konstanten oder die Gleichheit mit
einem bestimmten Wert. Folgendes Beispiel soll dies verdeutlichen; dabei werden
gleichzeitig die Präprozessor-Direktiven #if, #ifdef, #ifndef, #else, #elif und
#endif vorgestellt.

```
#define TESTPHASE  1          /* während der Programmentwicklung*/
                              /* wird TESTPHASE definiert als 1 */
#if TESTPHASE == 1
#   define PROGRAMMVERSION  "0.1 [Testversion]"
#elif TESTPHASE == 2
#   define PROGRAMMVERSION  "0.9 [Alpha-Release]"
#else
#   define PROGRAMMVERSION  "1.0 [Final-Release]"
#endif
/* ....... */
printf("Programmversion: %s\n",PROGRAMMVERSION);
#ifdef TESTPHASE              /* ist TESTPHASE definiert worden?*/
printf("Wir befinden uns in der Testphase des Programms.\n");
#endif   /* ....... */
#ifndef TESTPHASE            /* wenn nicht definiert, dann...  */
printf("Wir befinden uns in der Abschlussphase...\n");
#endif
/* ....... */
```

4.3.5   Digraphen, Trigraphen und Zeichenquotierung

Beim Programmieren arbeiten wir, bewusst oder unbewusst, stets mit mehreren
Zeichensätzen gleichzeitig. Zum einen ist der ganze Code (bei uns in der Regel der 8-Bit-
ASCII-Zeichensatz) des Betriebssystems und mehr oder weniger der Tastatur verfügbar, zum
zweiten ist da der Zeichensatz, den die jeweilige Programmiersprache versteht.

Da nicht auf allen (vor allem älteren) Tastaturen jedes benötigte Zeichen für C zu finden ist,
gibt es die sogenannten Zweizeichenfolgen (*Digraphen*) und die Dreizeichenfolgen
(*Trigraphen*). Hierbei handelt es sich um Ersatzzeichenfolgen für ein bestimmtes Zeichen,
wie sie in den nachstehenden Tabellen aufgeführt sind. So ist a??(1??) ein gültiger, wenn
auch schwer lesbarer Ersatz für a[1]. Insofern werden die nachfolgenden Übersichten der
Di- und Trigraphen-Ersatzsequenzen nur der Vollständigkeit halber aufgeführt, der emsige
Leser muss diese *nicht zwingend* auswendig lernen.

Der eigentliche Sinn dieses Abschnitts liegt darin, den Leser warnend darauf vorzubereiten,
dass C sich manchmal scheinbar etwas eigenwillig verhält und sich dies dann erklären zu
können. Die Anweisung

```
printf("Was ist das??!");
```

gibt in der Tat nicht das aus, was man sich hier zunächst denken mag!

```
Zweizeichenfolge (Digraph)...ersetzt das Zeichen
<:                        [
>:                        ]
<%                        {
%>                        }
%:                        #
%:%:                      ##
Dreizeichenfolge (Trigraph)...ersetzt das Zeichen
??=                       #
??(                       [
??)                       ]
??/                       \
??'                       ^
??<                       {
??>                       }
??!                       |
??-                       ~
```

Noch eine Schlussbemerkung zu diesem „Zeichenwirrwarr": Soll etwas, z.B. eine Sequenz
von mehreren Zeichen, nicht interpretiert werden, so kann stets mit dem Fluchtzeichen
(Quotierungszeichen) Backslash \ gearbeitet werden: die Anweisung

```
printf("Was ist das?\?!");
```

führt nach der Phase der Textersetzung durch den Präprozessor zur Anweisung

```
printf("Was ist das??!");
```
und damit zur Ausgabe

```
Was ist das??!
```

auf dem Bildschirm. Ohne den Backslash hätte der Präprozessor dagegen die Sequenz ??! interpretiert und die nachstehende Ausgabe generiert.

```
Was ist das|
```

Hinweis

Bei einigen modernen Compilern bzw. IDE's ist die Option zur Darstellung von Di- und Trigraphen standardmäßig deaktiviert. Falls Sie die oben gezeigten Beispiele mit dem beschrieben Effekt ausprobieren möchten, muss die Option also eventuell explizit gesetzt werden. In der Regel sollte jedoch eine Warnung ausgegeben werden, wenn Sie die Zeichenquotierung verwenden und die Option zur Beachtung von Di- und Trigraphen nicht gesetzt wurde.

4.4   Übersicht über Bibliotheken und Headerfiles

Wie schon erwähnt: der eigentliche Kern von C umfasst noch nicht einmal Routinen zur Terminal-Ein- und Ausgabe! (Hierzu speziell mehr im nachfolgenden Kapitel.) Für fast alle weitergehenden Aufgabenstellungen muss C daher auf die Standardbibliothek (*standard library*) zugreifen.

Darunter versteht man eine Menge von Deklarationen und Funktionen, die als Bibliothek in Form von Object Code mit eingebunden wird. Wir verweisen an dieser Stelle noch einmal auf die anschauliche Darstellung der einzelnen Schritte der Programmentwicklung in der Abbildung „Schematische Darstellung der Programmerstellung in C" auf S. 5.

Die zugehörigen Deklarationen und Prototypen dieser Funktionen finden sich in den bereits erwähnten Headerfiles, die mit der `#include`-Direktive durch den Präprozessor eingebunden werden.

In der folgenden Übersicht sind die klassischen Standard-Headerfiles gemäß ANSI aufgeführt, die im Include-Verzeichnis des jeweiligen Compilers zu finden sind.

assert.h	Funktionsprototypen zur Programmdiagnose
ctype.h	Funktionen und Makros zur zeichenweisen Bearbeitung
errno.h	beinhaltet Fehlernummern
float.h	enthält Fließkomma-Grenzwerte
iso646.h	enthält eine Reihe von Makros für Operatoren (z.B. and für &&)

limits.h	enthält Ganzzahl-Grenzwerte
locale.h	Lokalisierung (Anpassung an spezielle nationale Gegebenheiten)
math.h	Mathematische Deklarationen und Routinen
setjmp.h	Globale Sprünge
signal.h	Signalverarbeitung
stdarg.h	Arbeiten mit variablen Argumentlisten
stddef.h	Deklaration allgemeiner Werte[17] (z.B. von[18] NULL)
stdio.h	Standard Ein-/Ausgabe (standard i/o)
stdlib.h	Hilfsfunktionen und allgemeine Konstanten (wie z.B. EXIT_SUCCESS)
string.h	Zeichenkettenverarbeitung („Ein- und Ausgabe und Zeichenketten", S. 69)
time.h	Datum und Uhrzeit

Hinzu kommen noch die beiden Headerdateien wchar.h und wctype.h. Diese dienen zur Arbeit mit sog. „wide char"-Typen, bei denen ein Zeichen mehr als ein Byte in Anspruch nimmt. Dies ist in Zusammenhang mit der Internationalisierung von Bedeutung, bei der beispielsweise auch asiatische Zeichen verwaltet werden müssen.

Hinsichtlich der Datei iso646.h muss angemerkt werden, dass eine Reihe von C-Compilern diese Headerdatei nicht oder nicht vollständig kompatibel umgesetzt haben. Daher empfiehlt es sich, in einem C-Programm die „echten" Operatorschreibweisen if (a>0 && b>0) zu verwenden anstelle der prinzipiell möglichen Variante if (a>0 and b>0).

Neben den hier genannten definiert der ANSI-C99-Standard eine Reihe weiterer Header-dateien, auf die wir im ergänzenden Kapitel „Anmerkungen zum C99-Standard" (S. 237) et-was näher eingehen werden. Weitere Informationen zu diesen Headerfiles sowie zu einer Reihe von Funktionen aus der Standardbibliothek findet der Leser in der hervorragenden Referenz „*C in a Nutshell*" (siehe Literaturverzeichnis).

4.5   Übungen

1. Schreiben Sie ein kleines Programm, das zwei float-Werte von Tastatur einliest und die größere der beiden Zahlen wieder auf die Konsole ausgibt.

---

[17]   Diese Headerdatei wird ihrerseits von einigen anderen Headerdateien (u.a. stdlib.h) eingebunden, daher sieht man in den meisten C-Programmtexten kein explizites #include von stddef.h.

[18]   NULL ist ein Platzhalter, der angibt, dass kein anderer („vernünftiger") Wert verfügbar ist. Dieser NULL-Wert wird im Kontext der Zeiger (Pointer) Einsatz finden, vgl. Kapitel 8.3 Pointer.

2. Schreiben Sie eine Funktion `mwst()`, die zu einem übergebenen Nettobetrag die Mehrwertsteuer berechnet und zurückliefert.

3. Schreiben Sie eine weitere Funktion `brutto()`, die zu einem übergebenen Nettobetrag den Bruttobetrag ermittelt und zurückliefert. Selbstverständlich darf hierbei die o.g. Funktion `mwst()` verwendet werden.

4. Zu einem gegebenen Startkapital *K* soll bei einem angenommenen Zinssatz von 3% p.a. das Guthaben nach drei Jahren ermittelt werden. Selbstverständlich sollen hierbei auch die Zinseszinsen berücksichtigt werden. Schreiben Sie hierzu bitte ein C-Programm.

5. Ändern Sie das Programm der vorherigen Aufgabe so, dass ein beliebiger Zinssatz eingegeben und berücksichtigt werden kann.

6. Nachstehend sehen Sie einige `#define`-Direktiven. Erläutern Sie was in den anschließenden `printf()`-Anweisung ausgegeben wird.

```
#define   WERT1   123
#define   WERT2   (12+WERT1)

printf("Wert1: %d, Wert2: %d",WERT1,WERT2);
```

7. Noch einmal ein paar *#define*-Direktiven. Sie sehen, dass der Begriff `WERT1` zweimal definiert wird. Geht dies? Was wird in diesem Fall von `printf()` ausgegeben? – Testen Sie dies bitte praktisch mit Ihrem Compiler!

```
#define   WERT1   123
#define   WERT2   (12+WERT1)
#define   WERT1   234

printf("Wert1: %d, Wert2: %d",WERT1,WERT2);
```

8. Definieren Sie bitte ein Makro `BRUTTO`, das einen numerischen Parameter mitbekommt und dazu mit einem in der Präprozessor-Konstanten `STEUERSATZ` definierten Wert den Bruttowert ermittelt. Hierbei soll die zuvor geschriebene Funktion `brutto()` nicht verwendet werden.
Der folgende Aufruf soll damit möglich sein.

```
float bruttobetrag = BRUTTO(215.30);
```

9. Ist das folgende `#define` korrekt? Überlegen Sie zunächst, testen Sie anschließend, falls Sie sich nicht ganz sicher sein sollten.

```
#define   WERT1   WERT   2
#define   WERT    1 +
```

10. Im Abschnitt „Variable Parameterlisten" (S. 55) haben Sie die Funktion `Max()` kennen-
gelernt.
Was geschieht, wenn diese Funktion wie folgt aufgerufen wird?
```
printf("Max: %d, weitere Werte: %d %d\n", Max(5,12,13,14),
15,16);
```
Überlegen Sie bitte zuerst und testen Sie es anschließend wiederum praktisch.

11. Abschließend noch eine kleine Quellcode-Inspektion. Auch dies ist in der Praxis eine
häufig vorkommende Aufgabenstellung.
Sehen Sie bitte das nachstehende Programm auf Fehler durch. Was wird geschehen, wenn
Sie dieses Programm compilieren? Wagen Sie eine Prognose – und testen Sie es
anschließend ebenfalls praktisch!

```c
#include <stdio.h>
#include <stdlib.h>

#define   WERT      WERT1
#define   WERT1     WERT2
#define   WERT2     WERT

int main(void)
{
    printf("Alles in Ordnung!\n");
    return EXIT_SUCCESS;
}
```

5   Ein- und Ausgabe und Zeichenketten

In diesem Kapitel werden in recht kompakter Form das Vorgehen der konsolenorientierten Ein- und Ausgabe bei C-Programmen sowie in Zusammenhang damit das Arbeiten mit Zeichenketten (Strings) erläutert. Als vertiefende Referenz sei wiederum auf das Buch „*C in a Nutshell*" hingewiesen.

5.1   Die Standardbibliothek zur Ein- und Ausgabe

In diesem Abschnitt wird auszugsweise auf die Routinen der Standardbibliothek zur Tastatur-Ein- und Konsolen- oder Bildschirm-Ausgabe eingegangen. Da ANSI-C diese Routinen in ihrer Wirkungs- und Anwendungsweise vorgeschrieben hat, können Programme, die sich nur dieser Funktionen bedienen, leicht von einem System auf ein anderes übertragen (*portiert*) werden.

Man spricht hier vom Konzept der sog. *Byte Streams* (Byte-Ströme); egal, über welches physische Gerät oder aus welcher Datei etwas gelesen (oder in welche Datei etwas geschrieben) wird, dies wird einheitlich als ein „Strom von Bytes" aufgefasst, der Byte für Byte verarbeitet wird. Im Falle der Eingabe von Tastatur (oder aus einer Datei etc.) spricht man vom Eingabestrom, bei dem Wegschreiben von Daten vom Ausgabestrom.

In der zu dieser Standardbibliothek gehörenden Headerdatei stdio.h finden sich u.a. die nachfolgend gezeigten Funktionsprototypen. Hier stehen auch die Deklarationen für die Standard-Streams stdin (entspricht generell der Tastatur), stdout (generell der Bildschirm bzw. die Konsole) und stderr (sog. Fehlerausgabekanal). Dass die Tastatur und der Bildschirm C-seitig als Dateien bzw. Streams angesehen werden, wird später Vorteile aufweisen, denn alle Funktionen, die wir im Kontext der Ein- und Ausgabe über Tastatur und Bildschirm einsetzen können, können dann auch bei der Arbeit mit (Festplatten- oder anderen) Dateien und Geräten genutzt werden.

```
/* ... stdio.h - auszugsweise ... */


/* Ausgabe auf Bildschirm und Eingabe von Tastatur */
extern int printf(const char *,...);
extern int scanf(const char *,...);


/* Ausgabe in eine Zeichenkette bzw. Einlesen aus einer solchen
*/
extern int sprintf(char *, const char *,...);
extern int sscanf(const char *, const char *,...);
```

```
/* Einlesen eines einzelnen Zeichens */
extern int getchar(void);

/* Weitere Möglichkeit neben scanf(), eine Zeichenkette
   einzulesen */
extern char *gets(char *);

/* Weitere Möglichkeiten zur Ausgabe eines Zeichens bzw. einer
   Zeichenkette */
extern int putchar(int);
extern int puts(const char *);
```

5.2   Zeichenweise Ein- und Ausgabe

Der einfachste Mechanismus besteht darin, ein einzelnes Zeichen ein- bzw. auszugeben. Zur Eingabe eines Zeichens von Tastatur dient die Funktion getchar(). Prototyp:

```
int getchar(void);
```

getchar() liefert bei jedem Aufruf das nächste Zeichen im Eingabestrom (in der Regel stdin) oder den (ebenfalls in stdio.h definierten) Wert EOF (*vgl. nachfolgenden Info-Kasten*) zur Kennzeichnung, dass der Eingabestrom geschlossen worden ist.

Die Konstante EOF

Die Konstante EOF („*end of file*") besitzt zwar üblicherweise den Wert -1, professionelle C-Programme sollten jedoch besser die Konstante EOF verwenden, damit sie nicht von dieser speziellen Implementierung abhängig sind!

Eine solche Markierung „Ende der Datei" oder „Ende des Eingabestroms" ist immer dann erforderlich, wenn nicht zuvor bereits mitgeteilt wurde, wieviele Bytes aus einer Datei oder von Tastatur gelesen werden sollen. In manchen Situationen – z.B. beim Datenaustausch über eine Netzwerkverbindung – steht gar nicht von Anfang an fest, wieviele Bytes kommen werden.

Beispiel: Das nachfolgende Programm liest ein Zeichen von Tastatur ein und gibt es zusammen mit seiner Nummer im ASCII-Code wieder aus. Beachten Sie jedoch: die Eingabe ist gepuffert, d.h. es muss erst die *[Return]*-Taste gedrückt werden, bevor die Zuweisung an zeichen und die Ausgabe via printf() geschehen können!

```
/* einausgabe.c */
#include <stdio.h>
int main(void)
{
    int zeichen;        /* Beachten Sie: zeichen ist vom Typ int! */
```

```
//1//
   zeichen=getchar();
//2//
   printf("Das Zeichen ist %c [ASCII-Nr.%d]!\n",zeichen,zeichen);

   return EXIT_SUCCESS;

} /* end main */
```

Die Anweisung in Zeile //1//

```
zeichen = getchar();
```

liest von Tastatur ein Zeichen – genauer: das nächste, noch nicht verarbeitete Zeichen – aus und übergibt es von der Funktion `getchar()` an die Variable `zeichen`.

Anschließend wird in Zeile //2// mit dem Aufruf der Funktion `printf()` der Inhalt dieser Variablen ausgegeben:

```
printf("Das Zeichen ist %c [ASCII-Nr.: %d]!\n",zeichen,zeichen);
```

Bei dieser Ausgabe ist erwähnenswert, dass der Inhalt der Variablen `zeichen` gleich zweimal erfolgt. In dem sogenannten Format-String des `printf()`-Aufrufes

```
"Das Zeichen ist %c [ASCII-Nr.: %d]!\n"
```

stehen zwei Prozent-Ausdrücke; jeder bedeutet, dass ein weiterer Parameter, eine weitere Information aus dem Aufruf der Funktion eingesetzt und interpretiert wird. Mit der ersten Prozent-Klausel, dem `%c`, wird der Funktion mitgeteilt, dass der nächste Parameter als Zeichen (character) interpretiert werden soll. Haben wir beispielsweise ein `'A'` eingegeben, so wird entsprechend auch das `'A'` wieder ausgegeben.

```
printf("Das Zeichen ist %c [ASCII-Nr.: %d]!\n",zeichen,zeichen);
```

Die zweite Prozent-Klausel, `%d`, sorgt für eine Interpretation als ganze Zahl (integer oder decimal); hier wird der letzte Parameter, ebenfalls `zeichen`, verwendet. Dies führt dazu, dass nun der Speicherinhalt von `zeichen` als Nummer im ASCII-Code dargestellt wird. Im Falle des eingegebenen `'A'` ist dies die 65.

```
printf("Das Zeichen ist %c [ASCII-Nr.: %d]!\n",zeichen,zeichen);
```

Die resultierende Bildschirmausgabe sieht also so aus:

```
Das Zeichen ist A [ASCII-Nr.: 65]!
```

Das `'\n'` in dem Format-String der Funktion sorgt dafür, dass ein Zeilenvorschub (new line) geschrieben wird, d.h. auf dem Bildschirm wird der Cursor an den Anfang der nächsten Zeile gesetzt.

Weitere Ausführungen zur Funktion `printf()` finden sich in Abschnitt 5.4.1 Die Funktion printf().

Neben dem bereits erwähnten `printf()` dient die Funktion `putchar()` zur Ausgabe eines einzelnen Zeichens auf den Ausgabestrom, in der Regel die mit dem Bildschirm bzw. der Konsole verbundene Datei `stdout`. Der Prototyp dieser Funktion sieht wie folgt aus:

```
int putchar(int);
```

Die Funktion `putchar()` gibt das übergebene Zeichen auf den Ausgabestrom aus; gleichzeitig liefert sie das ausgegebene Zeichen oder `EOF` zurück - `EOF` dann, wenn ein Fehler aufgetreten ist.

Kleiner Hinweis am Rande: Bei den meisten Compilern sind `getchar()` und `putchar()` nicht als echte Funktionen, sondern als Makros realisiert.

Beispiel: Das nachstehende einfache Programm liest ein Zeichen über `getchar()` von Tastatur ein und gibt es mittels `putchar()` wieder aus.

```
/* put.c */
#include <stdio.h>

int main(void)
{
    int c = getchar();
    putchar(c);

    return EXIT_SUCCESS;
} /* end main */
```

In der Datei ctype.h („character type") stehen u.a. auch folgende Prototypen von Funktionen, die auf einzelnen Zeichen operieren. Die `isirgendwas()`-Routinen prüfen, ob ein gewisser Sachverhalt vorliegt, `isalpha()` prüft beispielsweise, ob das übergebene Zeichen ein (US-amerikanischer) Buchstabe ist, `isdigit()` ob es ein Ziffernzeichen ist, `islower()` ob es ein Kleinbuchstabe ist usw. Die Funktionen `tolower()` und `toupper()` wandeln („US-amerikanische") Buchstaben um in Klein- bzw. Großschreibung. „*US-amerikanisch*" soll hierbei bedeuten, dass keine Umlaute wie 'ä' oder das deutsche 'ß' und dergleichen berücksichtigt werden. Vgl. hierzu auch den Info-Kasten „Bezeichnungen in C" auf S. 15.

Wir haben einige dieser Funktionen bereits im Abschnitt „Zeichen (char)" (S. 22) kennengelernt.

```
/** ... auszugsweise ... **/
extern int isalnum(int);
extern int isalpha(int);
extern int isdigit(int);
extern int islower(int);
extern int isprint(int);
extern int ispunct(int);
extern int isspace(int);
```

```
extern int isupper(int);
extern int tolower(int);
extern int toupper(int);
```

5.3   Zeichenketten (Strings)

Für weitergehende Ein- und Ausgaben (z.B. mittels der namentlich bereits erwähnten komplexeren Funktionen scanf() und printf()) sind Zeichenketten (sogenannte *Strings*) erforderlich.

Zeichenketten können entweder in der Form von Zeichen-Arrays oder dynamisch mit Pointern vereinbart werden. Sowohl auf die Array-, als auch die Pointer-Variante wird später noch wesentlich ausführlicher eingegangen werden. Im Moment sollen uns die grundlegenden Deklarationen für eine erste Anwendung in Zusammenhang mit scanf() und printf() genügen. Umfassender werden Arrays und Pointer im Kapitel „Höhere Datentypen" (S. 111) behandelt.

```
#include <stdio.h>
#include <string.h>
int main(void)
{
//1//
    char zeichenkette[20];
    printf("Bitte geben Sie einen Text ein: ");
//2//
    scanf("%s",zeichenkette);   /* Der Format-String %s steht für
                                   Strings - also Zeichenketten */
    printf("Eingegeben wurde: %s\n",zeichenkette);
    printf("Das erste Zeichen hierbei war: %c\n",zeichenkette[0]);

    return EXIT_SUCCESS;
} /* end main */
```

Im obigen Beispielprogramm(auszug) wird in Zeile //1// ein festes Array namens zeichenkette von 20 char-Speicherplätzen angelegt, die mit den Indizes 0 bis 19 adressiert werden können. Dies illustriert die letzte Code-Zeile, in der das erste Zeichen (an der Indexposition 0) der zuvor erfolgten Eingabe wieder auf den Bildschirm ausgibt.

```
    printf("Das erste Zeichen hierbei war: %c\n",zeichenkette[0]);
```

Die Funktion scanf() in Zeile //2// sorgt für das Einlesen von Tastatur. Analog zur Funktion printf() wird auch hier ein sogenannter Format-String eingesetzt. Im Beispiel

```
    scanf("%s",zeichenkette);
```

ist "%s" der Format-String. Dieser besagt, dass im nächsten Parameter eine Zeichenkette steht (hier also die Variable zeichenkette). Von Tastatur kann somit nicht nur ein einzelnes Zeichen (wie es bei der Formatangabe `"%c"` der Fall wäre), sondern ein ganzes Wort eingegeben werden.

Der aufmerksame Leser stellt fest, dass hier entgegen dem früheren Hinweis vor der Variablen `zeichenkette` kein Adressoperator `&` steht. Dies ist in der gezeigten Form deshalb korrekt, weil Zeichenketten in C im rein technischen Sinne nur die Anfangsadresse des Speicherbereiches darstellen, in dem der eigentliche String dann liegt.

```
char zeichenkette[20] = "Ein schönes Buch";
```

Die Variable `zeichenkette` ist identisch mit der Adresse im Arbeitsspeicher, bei der der erste Buchstabe 'E' liegt! Daher benötigt die Funktion `scanf()` im obigen Aufruf auch nicht den Adressoperator vor `zeichenkette`.

Wichtig ist festzuhalten, dass in C Zeichenketten mit einer terminierenden '\0' (also dem ASCII-Zeichen Nr. 0) abgespeichert werden, die natürlich auch ein Byte benötigt; daher „passt" in die oben deklarierte Variable `zeichenkette` nur eine (sichtbare) Zeichenkette von maximal 19 Zeichen, wenn man nicht unliebsame Nebeneffekte und illegale Speicherzugriffe erleben will!

Betrachten wir die folgende Deklaration und Definition der Variablen mit gleichzeitiger Initialisierung:

```
char zeichenkette[20] = "Hello, world!";
```

Dann zeigt ein Blick in die konkrete Speicherbelegung folgendes Bild.

```
                +----------------------------------------+
Skizze:         |H|e|l|l|o|,| |w|o|r|l|d|!|\0|?|?|?|?|?|?|
                +----------------------------------------+
Index           0 1 2 3 4 5 6 7 8 9 10    13            19
```

Das `'H'` steht an Indexposition Nummer 0, ist also `zeichenkette[0]`, das `'w'` steht an Index Nummer 7. Hinter dem letzten „Nutzzeichen" (hier dem Ausrufezeichen) steht dann die für den Anwender „unsichtbare" ASCII-0 (hier bei Index 13).

Die Variable `zeichenkette` kann im Übrigen auch ohne vorgegebene Länge deklariert und definiert werden, falls sie sofort initialisiert wird:

```
char zeichenkette[] = "Hello, world!";
```

In diesem Fall ermittelt der Compiler aus der Vorbelegung, wieviele Bytes gebraucht werden. In diesem Fall sind es 14 Bytes.

Halten wir fest: String- oder Zeichenkettenverarbeitung im Sinne von ANSI-C bedeutet stets, dass beim ersten Zeichen begonnen und solange Zeichen um Zeichen weitergegangen wird, bis schließlich die terminierende ASCII-0 gefunden wird.

> **Hinweis zu Zeichenketten**
>
> Noch einmal zusammengefasst: eine Zeichenkette in C ist in technischer Hinsicht die Startadresse des Speicherbereiches, in dem der eigentliche Text liegt. Neben den eigentlichen Nutzdaten muss ein weiteres Byte Speicherplatz vorgehalten werden, in dem die terminierende '\0' abgelegt werden kann

5.4 Ein- und Ausgabe-Formatierung

Die wesentlichen Standardroutinen in C zur Ein- und Ausgabe von Zeichen(ketten) und numerischen Werten sind die bereits exemplarisch vorgestellten Funktionen `printf()` und `scanf()`.

5.4.1 Die Funktion printf()

Die Ausgaberoutine `printf()` ist in stdio.h deklariert mit dem Prototyp

```
int printf(const char *,...);
```

die drei Punkte markieren eine variable Parameterliste. Das bedeutet, wie die bisherigen Beispiele bereits gezeigt haben, dass die Funktion mit einer unterschiedlichen Anzahl von Parametern aufgerufen werden kann. So sind die nachfolgenden Aufrufe möglich – und dem Leser auch bereits bekannt.

```
char zeichen = 'A';

/* printf()-Aufruf mit einem Parameter - nur dem Formatstring */
printf("Hello, world!\n");


/* printf()-Aufruf mit zwei Parametern */
printf("zeichen=%c\n",zeichen);

/* printf()-Aufruf mit drei Parametern */
printf("zeichen als char (%c) und als Dezimalwert (%d).\n",
        zeichen,zeichen);
```

Auf den fortgeschritteneren Aspekt der variablen Parameterlisten wollen wir an dieser Stelle nicht allgemein eingehen. Es ist aber durchaus möglich, auch eigene Funktionen zu schreiben, die eine variable Anzahl von Parametern entgegennehmen. Vgl. hierzu „C in a Nutshell" (dort auf S. 108ff).

Der erste Parameter bei `printf()` ist der bereits mehrfach erwähnte Formatstring: das ist das Muster, wie die Ausgabe aussehen soll. Die Funktion `printf()` schreibt auf den Standardausgabestrom (stdout, in der Regel ist dies der Bildschirm).

Beispiele:

```
printf("Konstanter Text");   /* Formatstring=konstanter Text  */
printf("Zahl: %d",i);        /* %d bewirkt, dass i als int    */
                             /* interpretiert ausgegeben wird */
printf("Die Werte: %d %c %x",i,j,k);   /* i wird als int, j als
                                   char    */
                             /* und k hexadezimal dargestellt */
```

Der Formatstring "Die Werte: %d %c %x" enthält also zwei verschiedene Arten von Objekten: gewöhnliche Zeichen (wie das Wort "Werte"), die direkt in die Ausgabe geschrieben werden, und Formatierungen (wie "%c"), die jeweils die entsprechende Umwandlung und Aufbereitung des nächsten Arguments von printf() bewirken.

Jede solche Umwandlungsangabe beginnt mit einem Prozentzeichen % und endet mit einem Typkennzeichen. Dazwischen kann optional, in dieser Reihenfolge, angegeben werden:

- ein Minuszeichen: damit wird das Argument linksbündig ausgegeben;

- eine positive, ganze Zahl, die eine minimale Feldbreite bestimmt; benötigt das Argument mehr Stellen als angegeben, so werden ihm diese auch gegeben, benötigt es weniger, so wird standardmäßig mit Blanks aufgefüllt;

- ein Punkt, der die Feldbreite von der Genauigkeit (precision) trennt;

- eine positive, ganze Zahl, die die maximale Anzahl von Zeichen festlegt, die von einer Zeichenkette ausgegeben werden sollen, oder die Anzahl Ziffern, die nach dem Dezimalpunkt bei einer Gleitkommazahl ausgegeben werden, oder die minimale Anzahl von Ziffern, die bei einem ganzzahligen Wert ausgegeben werden sollen;

- der Buchstabe h oder H, wenn short ausgegeben werden soll, oder der Buchstabe l oder L, wenn das Argument long ist.

Hinweis

Wenn das Zeichen nach % keines der obigen Zeichen und kein Typkennzeichen ist, dann ist die Wirkung von printf() undefiniert!

Nachstehend eine kurze (nicht vollständige) Übersicht über wichtige Formatierungszeichen.

```
Symbol steht für...
d      dezimale Ganzzahl, int
x      hexadezimale Ganzzahl, int
u      vorzeichenlose Ganzzahl, unsigned int
hd     kurze Ganzzahl, short int
ld     dezimale Ganzzahl, long int
f      Gleitkommazahl, float
lf     Gleitkommazahl, double
```

```
c     einzelnes Zeichen, char
s     Zeichenkette (String)
```

Die formale Syntax des Formatstrings lässt sich – etwas vereinfacht – wie folgt schreiben:

```
%[flags][feldbreite][.genauigkeit]typkennzeichen
```

Wer sich für die vollständigen Möglichkeiten interessiert, werfe einen Blick in die Referenz „C in a Nutshell". Dort werden noch einige weitere Teilaspekte des Formatstrings behandelt.

Nachstehend noch ein weiteres Beispiel zur Illustration: Zunächst das Programm, dann die Ausgabe des Programms, das sogenannte Ablauflisting oder neudeutsch der „Programm-Output".

```
/* ausgabeformate.c */

#include <stdio.h>
#include <stdlib.h>

int main(void)
{
    char txt[] = "Eine kleine Textzeile";
    int   i=123456;
    float x = 12.3456;

    printf("\n:%s:",txt);
    printf("\n:%15s:",txt);
    printf("\n:%-10s:",txt);
    printf("\n:%15.10s:",txt);
    printf("\n:%-15.10s:",txt);
    printf("\n:%-10.5s:",txt);
    printf("\n:%.10s:",txt);
    printf("\n");

    printf("\n:%20d:",i);
    printf("\n:%-10d:",i);
    printf("\n:%08d:",i);
    printf("\n");

    printf("\n:%4.2f:",x);
    printf("\n:%6.2f:",x);
    printf("\n:%8.4f:",x);

    /*
     * Die letzten drei printf()-Anweisungen koennen auch als eine
     * einzige geschrieben werden:
     * printf("\n:%4.2f:\n:%6.2f:\n:%8.4f:",x,x,x);
```

```
 * Allerdings muss das erste Argument immer der Formatstring sein,
 * die weiteren Argumente sind die erforderlichen Werte, die im
 * Formatstring für die %-Zeichen eingesetzt werden!
 * Falsch waere also:
 * printf("\n:%4.2f:",x,"\n:%6.2f:",x,"\n:%8.4f:",x);
 * Hier beinhaltet der Formatstring, also der erste Parameter,
 * nur eine einzige Prozentklausel, daher erwartet dieser Aufruf
 * nur einen weiteren Parameter!
 * Der Rest der Parameterliste, also
 * "\n:%6.2f:",x,"\n:%8.4f:",x
 * waere also falsch oder wuerde im einfachsten Falle ignoriert
 * werden!
 */

    printf("\n");

    return EXIT_SUCCESS;

} /* end main */
```

Das zugehörige Ablauflisting sieht wie folgt aus:

```
:Eine kleine Textzeile:
:Eine kleine Textzeile:
:Eine kleine Textzeile:
:      Eine klein:
:Eine klein     :
:Eine      :
:Eine klein:


:           123456:
:123456    :
:00123456:


:12.35:
: 12.35:
: 12.3456:
```

Nach so vielen Beispielen ein kurzer Selbsttest. Was geschieht in den nächsten Code-Zeilen? Sind alle korrekt?

```
    int   i = 123;
    float x = i / 6;

    printf("%d %f %4.2f",i,x,x);
    printf("\n%d %5d %7d %09d",i,i,i);
```

Bitte zuerst nachdenken – und dann praktisch ausprobieren!

5.4.2   Die Funktion scanf()

Die Funktion `scanf()` ist die zu `printf()` korrespondierende Einleseroutine, die ebenfalls in stdio.h deklariert ist mit dem Prototypen

```
int scanf(const char *,...);
```

`scanf()` liest Zeichen aus dem Standardeingabestrom (stdin), wobei die Verarbeitungsweise wieder über einen Format-String kontrolliert wird. `scanf()` hört standardmäßig mit dem Einlesen auf, wenn die Format-Zeichenkette vollständig abgearbeitet ist, oder aber wenn ein Eingabefeld nicht zur Umwandlungsangabe passt. Als Funktionsresultat wird die Anzahl erfolgreich erkannter und zugewiesener Eingabefelder zurückgeliefert. Am Eingabeende wird EOF zurückgeliefert. Der nächste Aufruf von `scanf()` beginnt dann seine Arbeit unmittelbar nach dem zuletzt umgewandelten Zeichen.

Die konkreten Prozent-Klauseln entsprechen denen, die auch bei `printf()` verwendet werden. Bei der Verwendung von `%s` sei lediglich angemerkt, dass nur bis zum ersten sogenannten „Whitespace" (Trennzeichen), also z.B. einem Leerzeichen oder einem Tabulator-Zeichen, eingelesen wird. Soll mehr als ein Wort – z.B. ein ganzer Satz – eingelesen werden, dann verwendet man sinnvollerweise die Funktion `fgets()`. Vgl. hierzu Abschnitt „Zeilenweise Ein-/Ausgabe bei Textdateien" auf Seite 167.

Sehen wir uns das nachstehende Beispiel an.

```
char zeichen1, zeichen2;
/* ... */
//1//
scanf("%c",&zeichen1);
//2//
scanf("%c",&zeichen2);
```

Nehmen wir an, der Anwender gibt gleich den ganzen Text „Hallo Welt!" – wie in nachstehender Abbildung gezeigt – ein. In Zeile //1// erwartet das Programm die Eingabe eines ersten Zeichens über die Tastatur durch den Anwender. Dies wird das Zeichen 'H' sein, das in die Variable `zeichen1` gespeichert wird. Die im Bild gezeigte Situation ist die vor Zeile //2//.

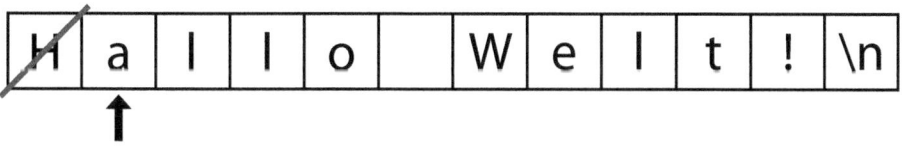

Abbildung 6: Schematische Darstellung des Tastaturpuffers in einer konkreten Eingabesituation

Im sog. Tastaturpuffer stehen jedoch bereits das Zeichen 'a' und weitere Zeichen, da der Anwender schon mehr Text als bislang verarbeitet worden ist eingegeben hat. Der Zeiger im Eingabestrom weist auf das nächste vom Programm noch nicht verarbeitete Zeichen, vor

Abarbeitung der Zeile //2// ist dies das 'a'. Daher wartet das Programm in Zeile //2// nicht, sondern übernimmt direkt das nächste Zeichen – also das 'a' – in die Variable zeichen2. Die anschließende Situation des Tastaturpuffers ist im nachfolgenden Bild dargestellt.

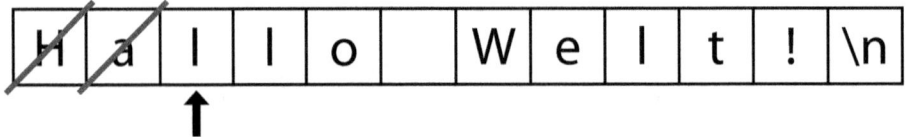

Abbildung 7: Situation des Tastaturpuffers nach Einlesen des Zeichens 'a'

Die durchgestrichenen Zeichen sollen hier lediglich verdeutlichen, wie die ursprüngliche Eingabe ausgesehen hat. Mit ihrer Verarbeitung durch das Programm sind diese Zeichen natürlich bereits aus dem Tastaturpuffer entfernt worden.

Wir geben ein paar elementare Beispiele für Aufrufe der Funktion scanf():

```
int        i;
unsigned int ui;              /* unsigned bedeutet „ohne Vorzeichen"*/
float      f;
char       txt[80];
char       c;
/* ... */
scanf("%d",&i);               /* Wichtig: Adressoperator & vor i !! */
scanf("%f",&f);               /* Denn C kennt nur call by value !!! */
scanf("%s",txt);              /* Arrays sind intern Adressen, daher */
                              /* muss hier kein Adressoperator      */
scanf("%c",&c);               /* genommen werden!                   */
scanf("%c",&(txt[0]));        /* Adresse von txt[0]                 */
scanf("%u",&ui);              /* Einlesen einer unsigned-Zahl       */
```

Aufgepasst!

Weil es für die Praxis so wichtig ist, hier noch einmal ausdrücklich die Warnung: einer der häufigsten Anfängerfehler ist die Formulierung

scanf("%d",i);

Hiermit wird nicht auf den Speicherplatz i eingelesen, sondern dort hinein in den Hauptspeicher, wohin der momentane Wert von i gerade zeigt. Steht in der Variablen i beispielsweise der Wert 500, so wird versucht, die Speicheradresse 500 zu finden. Unter modernen Betriebssystemen wie Unix wird dieser Fehler üblicherweise bemerkt (und führt dann regelmäßig zum Programmabbruch), auf älteren Betriebssystemen wie MS-DOS auf dem PC kann er beliebige Nebenwirkungen haben!

Hinweis zu fflush:

Versucht der Leser, das o.g. kleine Beispiel praktisch zu testen, so wird er in den folgenden beiden Anweisungen zur Laufzeit des Programms ein Problem entdecken, das wir vorhin bereits angesprochen haben.

```
//1//
scanf("%s",txt);
//2//
scanf("%c",&c);
```

In Zeile //1// wird das Programm anhalten, der Anwender wird einen Text, genauer: ein Wort, eingeben, z.B. „wieselflink". Die Eingabe wird mit Betätigen der *[Return]*-Taste abgeschlossen; dieses führt in der Tastatureingabe zu einem Newline-Zeichen '\n'.

Dann haben wir – vor Zeile //2// - die im nachstehenden Bild gezeigte Situation.

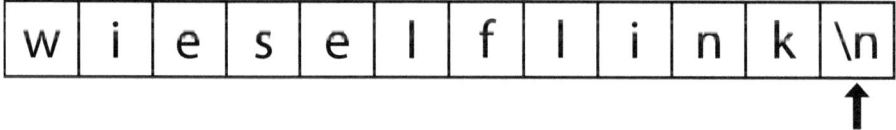

Abbildung 8: Situation des Tastaturpuffers nach Verarbeiten von „wieselflink"

Das heißt, die Eingabe eines einzelnen Zeichens (mit der Formatanweisung "%c" wird auch durch ein Sonderzeichen wie z.B. das Newline-Zeichen '\n' erfüllt. Regelmäßig kann also die Eingabe einzelner Zeichen in einem Programmablauf zu diesem Problem führen.

Die C-Standardbibliothek hält als Abhilfe die Funktion fflush() bereit. Mit dem Aufruf

```
fflush(stdin);
```

wird die Standardeingabe stdin, in der Regel also der Tastaturpuffer, geleert.

Modifizieren wir also unseren zuvor gezeigten Code.

```
scanf("%s",txt);
fflush(stdin);
scanf("%c",&c);
```

Dann stellen wir fest, dass das Programm auch beim zweiten scanf() anhält und eine (neue) Benutzereingabe erwartet.

5.5   Nützliche String-Funktionen aus der Standardbibliothek

Beispielhaft seien hier einige der Standardfunktionen von C rund um die Zeichenkettenverarbeitung erwähnt. Zu allen hier genannten Funktionen befindet sich der Prototyp in der Headerdatei string.h.

Die Funktion `strlen()` („string length") ermittelt die Länge einer Zeichenkette – ohne die abschließende `'\0'`. Der nachfolgende Aufruf setzt die Variable `laenge` somit auf 11.

```
int laenge = strlen("Mein C-Buch");
```

Die Funktionen `strcpy()` und `strncpy()` („string copy") kopieren eine Zeichenkette in eine andere. Dazu der nachfolgende Code-Schnipsel.

```
char text1[]  = "Hallo Welt!";
char text2[50];
strcpy(text2,text1);
strcpy(text2,"Hallo Welt!");

strncpy(text2,text1,5);
```

Die beiden gezeigten Aufrufe von `strcpy()` bewirken dasselbe: der Text `"Hallo Welt!"` wird in die Variable `text2` kopiert. Wieder müsste man präzise etwas sorgfältiger formulieren: der Text, der im Speicher beginnend bei der Adresse `text1` liegt, wird Zeichen für Zeichen in den Speicher auf die Plätze beginnend mit der Adresse `text2` kopiert. Abschließend wird bei der neu kopierten Zeichenkette ebenfalls eine terminierende `'\0'` geschrieben.

Der Aufruf `strncpy()` kopiert (maximal) fünf Zeichen aus `text1` nach `text2`, fügt jedoch keine gesonderte terminierende `'\0'` an!

Das bedeutet für die Praxis: bei `strcpy()` findet keinerlei Längenkontrolle statt, das heißt, der Entwickler muss selbst dafür sorgen, dass bei der genannten Zieladresse genügend Speicherplatz zur Verfügung steht. Im Falle der Funktion `strncpy()` hat man zwar im Zielbereich eine gewisse Kontrolle, denn die maximal kopierte Anzahl Zeichen wird mit angegeben, allerdings muss man hier für das ordentliche Terminieren der Zeichenkette selbst sorgen. Nur in dem speziellen Fall, dass die Ausgangszeichenkette das genannte Maximum nicht ausschöpft, braucht man auch die terminierende `'\0'` nicht selbst zu schreiben.

Möchte man Zeichenketten vergleichen, dann liegt ganz naiv zunächst der folgende Code nahe.

```
char text1[] = "Hallo Welt!";
char text2[] = "Hallo";

//1//
if (text1 == text2)
{
    printf("Beide Startadressen (!) sind gleich!");
}
```

In Zeile `//1//` werden in Wahrheit jedoch nicht die Inhalte der beiden Zeichenketten verglichen, sondern nur deren Adressen, schließlich sind Arrays generell und Zeichenketten im Besonderen nur Startadressen.

Hier hilft die Bibliotheksfunktion strcmp() („string compare") die eines von drei Ergebnissen zurückliefert: sind die beiden genannten Zeichenketten inhaltlich gleich, so liefert sie 0 zurück. (Vorsicht, dies ist zunächst nicht intuitiv!) Ein Wert kleiner als 0 wird hier zurückgegeben, wenn die erstgenannte Zeichenkette in der sog. lexikographischen Ordnung (also der Reihenfolge wie im Telefonbuch) vor der zweitgenannten kommt.

Schließlich ist der Rückgabewert der Funktion größer als 0, wenn die zweitgenannte Zeichenkette vor der ersten kommt. Auch hierzu ein Beispielcode.

```
char text1[] = "Hausmeister";
char text2[] = "Hund";
char text3[] = "Hund";

if (strcmp(text1,text2) < 0) /* dies trifft zu, "Ha..." kommt vor
                                "Hu..." */
{
    printf("%s kommt vor %s!\n",text1,text2);
}


if (strcmp(text2,text3) == 0) /* ja, "Hund" ist gleich "Hund" */
{
    printf("%s ist (inhaltlich) gleich %s!\n",text2,text3);
}


if (text2 == text3) /* Dies wird nicht zutreffen, denn es handelt
                       sich i.a. um zwei verschiedene
                       Speicherplatzadressen                   */
{
    printf("Die beiden \"Hunde\" liegen an derselben "
           "Speicheradresse!\n");
}
```

Will man nicht komplette Zeichenketten miteinander vergleichen, sondern nur wissen, ob ein Zeichen oder eine Zeichenkette in einem String vorkommt, so sind die beiden Funktionen strchr() und strstr() hilfreich, wie der nachfolgende Code-Ausschnitt illustriert. Beide Funktionen liefern im positiven Falle einen Zeiger auf die erste Fundstelle zurück, andernfalls den NULL-Pointer.

```
char text1[] = "Hausmeister", suchwort[] = "meister";
char c = 'a';

if (strchr(text1,c) != NULL)
{
    printf("Gefunden %c in %s.\n",c,text1);
    printf("strchr() lieferte den Wert %s\n",strchr(text1,c));
}
```

```
if (strstr(text1,suchwort) != NULL)
{
    printf("Gefunden %s in %s.\n",suchwort,text1);
    printf("strstr() lieferte den Wert%s\n",
            strstr(text1,suchwort));
}
```

Schließlich sei noch die Funktion `strcat()` (string concatenate) erwähnt, die dazu dient, eine Zeichenkette an den Schluss einer anderen anzuhängen. Auch hier muss wieder eigens darauf geachtet werden, dass der Zielstring über genügend Platz verfügt.

```
char ziel[120] = "Hallo";
char dazu[] = " Welt!";

strcat(ziel,dazu);   /* Das Ergebnis dieser Operation ist
                        offensichtlich ... */
```

5.6   Ergänzende Anmerkungen zur Ein- und Ausgabe

An dieser Stelle soll es bei diesem kurzen Einblick bleiben; neben den hier vorgestellten beiden Grundroutinen sind in stdio.h noch eine ganze Reihe weiterer Routinen zum (formatierten) Einlesen aus Dateien oder Speicherbereichen und der entsprechenden Ausgabe vorhanden (`fprintf()` und `fscanf()`, `sprintf()` und `sscanf()`). Vgl. hierzu das Kapitel 9 Dateiverarbeitung.

Auf eine konkrete Anwendung der Funktion `fprintf()` soll jedoch hier noch kurz eingegangen werden.

Bisweilen ist es in der Praxis sinnvoll, dass die „normalen" Bildschirmausgaben eines Programms „unterdrückt" werden. Diese Ausgaben leitet man dann in eine Datei um, die anschließend wieder gelöscht oder evtl. auch anderweitig verarbeitet wird. Man möchte aber ggf. Fehlermeldungen sehen, damit man auf diese reagieren kann.

Um dies in der Praxis umsetzen zu können, müssen wir wissen, dass mit dem Zeichen „>" die Standardausgabe eines Programmes in eine hinter dem „>" benannte Datei umgelenkt wird. Dies gilt für die gängigen Betriebssysteme wie Unix, MS-DOS und die gesamte Microsoft-Windows-Familie.

Starten wir ein elementares Programm wie unser hello.c mit einer solchen Ausgabeumlenkung, so wird der Text „Hello, world!" in die entsprechende Datei geschrieben.

```
hello > ausgabe.txt
```

Auf dem Bildschirm sehen wir in diesem Fall nichts.

Bei einem Programm, das möglicherweise jedoch Fehler erkennt und durch Bildschirmausgabe mitteilen muss, wäre eine solche pauschale Ausgabeumlenkung fatal.

Zu diesem Zweck wird `fprintf()` eingesetzt. Damit können bestimmte Ausgaben auf den sogenannten „Fehlerkanal" `stderr` ausgegeben werden. Dies illustriert der folgende Beispielcode.

```
/* ausgabeumlenkung.c */

include <stdio.h>
include <stdlib.h>

int main(void)
{
    printf("Diese (normale) Ausgabe geht auf stdout...\n");
    fprintf(stderr,"Diese (Fehler-)Ausgabe geht auf stderr...\n");

    return EXIT_SUCCESS;
} /* end main */
```

Damit sind wir nun flexibel: wahlweise können wir jetzt alle Ausgaben wie gewohnt auf den Bildschirm ausgeben lassen – oder evtl. auch nur die Fehlermeldungen.

1. Bei Aufruf "ausgabeumlenkung" führen die Standardausgabe via stdout (mittels `printf()`) und die Ausgabe über den Fehlerkanal stderr auf den Bildschirm.

```
Diese (normale) Ausgabe geht auf stdout...
Diese (Fehler-)Ausgabe geht auf stderr...
```

2. Bei dem Aufruf "ausgabeumlenkung   > ausgabe.txt" sieht man auf dem Bildschirm lediglich die (Fehlermeldungs-)Zeile

```
Diese (Fehler-)Ausgabe geht auf stderr...
```

Die erste Textzeile, also die „normale" Ausgabe des Programms, ist in der Datei ausgabe.txt zu finden!

5.7 Übungen

1. Wie werden Zeichenketten in ANSI-C verwaltet? Wie können Sie eine Variable deklarieren und definieren, die gerade ausreichend Platz für Ihren Nachnamen hat?

2. Erläutern Sie die folgenden Deklarationen bitte möglichst präzise.
```
char text1[20];
char text2[20] = "Hallo";
char text3[] = "Hallo";
```

3. Weshalb muss bei Verwendung der `scanf()`-Funktion im Zusammenhang mit einer int-Variablen `k` darauf geachtet werden, dass die Adresse der Variablen `&k` übergeben wird?

4. Wozu dient die Funktion `putchar()`?

5. Wie können Sie den Wert einer int-Variablen `j` auf acht Stellen Breite ausgeben? Wie geben Sie den Wert einer double-Variablen `x` mit vier Nachkommastellen aus? Wozu dient die Formatierung `"%05d"` bei der `printf()`-Funktion?

6. In den Variablen `i` vom Typ int und `x` vom Typ float seien die Werte 250 und 2.5 abgespeichert. Mit welchen Anweisungen können Sie die Werte von `i` und `x` so ausgeben lassen wie nachstehend gezeigt?
   `00250   002.500`

7. Worin unterscheiden sich die beiden Formatierungen `%c` und `%s` bei der Funktion `scanf()`?

8. Schreiben Sie ein Programm asciinrn.c, das vom Benutzer die Eingabe eines Zeichens erwartet und die Nummer im ASCII(-Code) ausgibt.
   Zur Eingabe `'A'` soll die Ausgabe demnach 65 lauten, denn das `'A'` ist im ASCII an der Position 65 zu finden.

9. Was geschieht und worin liegt der Unterschied in den folgenden beiden Code-Fragmenten?

```
/* Fragment A */
int wert1, wert2;
scanf("%d %d",&wert1,&wert2);
printf("%d\n",wert1+wert2);
/* Fragment B */
int wert1, wert2;
scanf("%d",&wert1);
scanf("%d",&wert2);
printf("%d\n",wert1+wert2);
```

6 Kontrollstrukturen

Im Folgenden soll in kompakter Form auf die Kontrollstrukturen in ANSI C eingegangen werden. Hierbei handelt es sich um die Möglichkeiten, wie der Programmcode gestaltet und insbesondere von der sequentiellen Abarbeitung von Anweisungen abgewichen werden kann. Hierzu werden Verzweigungen (mit `if` und `switch`) und Wiederholungsmöglichkeiten (`while`, `for`, `do`) vorgestellt. Dabei werden auch wesentliche Spielregeln der strukturierten Programmierung angesprochen und die sogenannten Struktogramme (Nassi-Shneidermann-Diagramme) zur Beschreibung des Programmablaufes vorgestellt.

6.1 Einzelanweisungen und Blöcke

Jeder sog. Ausdruck in C wird zu einer Anweisung, wenn ihm ein Semikolon folgt. Die folgenden Zeilen beschreiben also in diesem Sinne einzelne C-Anweisungen.

```
x=y=z=0;
i++;
printf("Prima!\n");
```

Mit geschweiften Klammern { und } wird ein *Block* festgelegt. Ein solcher Block fasst mehrere Anweisungen zusammen, gilt aber syntaktisch als eine einzige Anweisung und darf infolgedessen überall dort stehen, wo gemäß der Syntax eine Anweisung plaziert werden darf.

Das Struktogramm für einen Anweisungsblock, also eine Sequenz von Anweisungen, sieht schematisch aus wie nachstehend gezeigt.

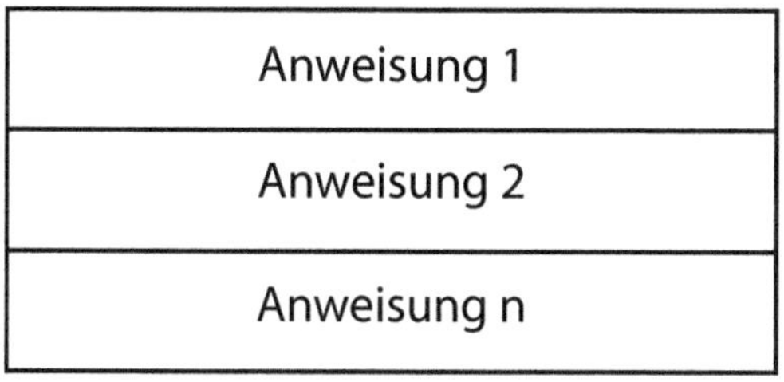

Anweisung 1
Anweisung 2
Anweisung n

Abbildung 9: Darstellung einer Anweisungssequenz im Nassi-Shneidermann-Diagramm

Innerhalb eines Blockes können (zu Beginn) lokale Variablen deklariert werden! Diese Variablen oder Speicherplätze „leben" nur solange sich die Verarbeitung des Programmcodes in dem fraglichen Block befindet. Danach ist diese Variable wieder ungültig, der betreffende Speicherplatz wird vom System wieder freigegeben. (Vgl. hierzu das nachfolgende Kapitel zur Modularität.) Nach der schließenden geschweiften Klammer steht hierbei kein

Semikolon. Meist ist es nicht tragisch, falls man doch ein Semikolon setzt; rein formal steht dann hinter dem Anweisungsblock noch eine leere Anweisung. Wir sehen aber in Zusammenhang mit der Verzweigung in Abschnitt 6.3 Logische Ausdrücke und Verzweigung (if, if-else) eine Situation, in der das „Semikolon zuviel" einen Compilerfehler auslöst.

Zur Blockanweisung und der Gültigkeit einer Variablen nachstehend ein kurzes Beispiel.

```
int main(void)
{         /* Hier beginnt der Block, hier also die
            Hauptprogrammfunktion main */
  int i; /* i ist gueltig nur innerhalb dieses Blockes, also
            innerhalb von main */

  /* ... */
}         /* Hier endet der Block und damit die Gueltigkeit von i */
```

6.2   Beenden einer Funktion (return)

Die return-Anweisung wurde bereits in Zusammenhang mit Funktionen vorgestellt. Stößt die Abarbeitung auf ein return (mit oder ohne einen darauffolgenden Rückgabewert), so wird die betreffende Funktion an dieser Stelle beendet. Geschieht dies innerhalb von main(), so endet naturgemäß das gesamte Programm.

Mit

```
return 5;
```

wird der Wert 5 dabei zurückgeliefert. In zahlreichen Beispielen haben wir gesehen, dass die Hauptprogrammfunktion main() im Erfolgsfall mit

```
return EXIT_SUCCESS;
```

beendet wird.

Anweisungen, die (vermutlich aus Versehen) noch hinter einem return stehen, kommen natürlich nicht mehr zur Ausführung. Der Compiler gibt dann sinngemäß die folgende Warnung aus.

```
Warnung beispiel.c 24: Code wird nie erreicht in Funktion main
```

6.3   Logische Ausdrücke und Verzweigung (if, if-else)

Mit der if-Anweisung bzw. if-else-Anweisung werden (ein- oder zweiseitige) Alternativen formuliert. Die Syntax – also die formale Schreibweise – sieht wie folgt aus:

```
if ( bedingung )
   anweisung1
```

```
if ( bedingung )
    anweisung1
else
    anweisung2
```

Im ersten Fall gibt es nur den „Ja-Zweig", d.h. es findet nur dann die Anweisung 1 statt, wenn die Bedingung zutrifft, also „wahr" ist.

Im zweiten Fall wird auf jeden Fall eine der beiden Anweisungen ausgeführt. Ist die Bedingung wahr, so wird Anweisung 1 abgearbeitet, andernfalls Anweisung 2.

Die runden Klammern bei dem logischen Ausdruck – der Bedingung – sind erforderlich! Ebenso gehört das Semikolon als Abschlusszeichen zu jeder einfachen Anweisung dazu.

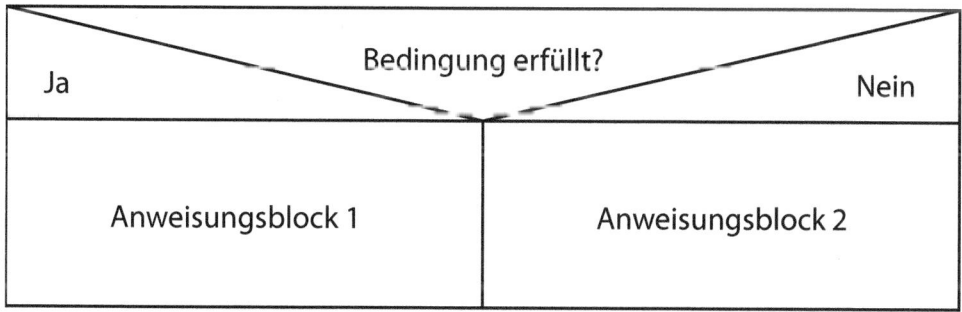

Abbildung 10: Darstellung der Verzweigung im Nassi-Shneidermann-Diagramm

Auch zur Verzweigung ein konkretes Beispiel, zunächst als Struktogramm, dann als C-Code.

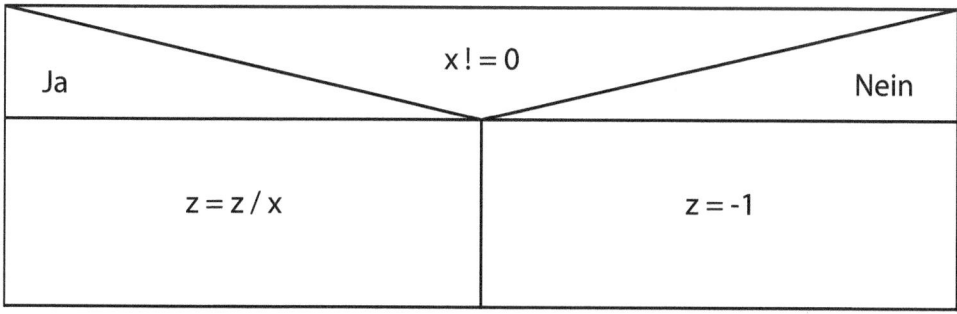

Abbildung 11: Konkretes Beispiel einer if-else-Anweisung

```
if (x != 0)    /* falls x ungleich 0 ist ... */
    z = z / x; /* dann dividiere z durch x   */
else           /* andernfalls ...            */
    z = -1;    /* setze z auf den Wert -1    */
```

In diesem Code-Fragment wird geprüft, ob die Variable x ungleich dem Wert 0 ist. Trifft dies zu, so wird eine andere Variable – z – durch den Wert von x geteilt und das Ergebnis wieder in dem Speicherplatz z abgelegt. Besitzt x dagegen den Wert 0, so wird der else-Zweig beschritten und in die Variable z wird der Wert -1 geschrieben.

Zu beachten ist hierbei, dass „logisch" bei C stets numerisch (ganzzahlig) bedeutet! Das heißt, der im if-Konstrukt auftretende Ausdruck kann generell jeden beliebigen numerischen Wert annehmen: wie bereits erwähnt wird 0 als FALSE, jeder andere Wert als TRUE interpretiert.

Obiges Beispiel lässt sich also auch kürzer schreiben in der folgenden Form:

```
if (x)
    z /= x;
else
    z = -1;
```

Ebenso können wir durch Negation des logischen Ausdruckes stets auch die beiden Zweige vertauschen. Das obige Beispiel lässt sich funktional äquivalent wie folgt schreiben.

```
if (x==0)
    z = -1;
else
    z /= x;
```

Der Leser fragt sich nun vielleicht, welche Variante die bessere ist? Hierzu gibt es kein Patentrezept. Aber im Rahmen eines Softwareprojektes oder auch generell in einem Software-Unternehmen sollte man versuchen, eine gewisse Einheitlichkeit walten zu lassen. Manche Programmierrichtlinien besagen, dass im „Ja-Zweig" einer Alternative stets der „positive" Code stehen soll, also die hauptsächlich erwünschte Verarbeitung. Umgekehrt ist es speziell in C guter Brauch, innerhalb einer Funktion auf einen möglichen (fatalen) Fehler abzufragen, ggf. die Funktion zu verlassen – und hinter der if-Anweisung mit dem „positiven" Code fortzufahren.

```
if (x==0)
{
    /* Fehler aufgetreten: durch 0 kann nicht geteilt werden! */
    return -1;
}

/* Hier der weitere Code, der nur erreicht wird,
   wenn x nicht den Wert 0 besitzt
*/
```

Aufgepasst!

Angesichts dieser sehr „kompakten" Formulierung eine Warnung für die Praxis: Ein häufiger Fehler ist die Formulicrung

```
if (x=0) ...
```

in C wird hier der Variablen x der Wert 0 zugewiesen, das Ergebnis des Ausdruckes ist damit 0 (interpretiert als FALSE) und ggf. wird somit der else-Zweig abgearbeitet! Korrekt muss es also

```
if (x==0) ...
```

lauten – mit einem doppelten Gleichheitszeichen!

Eine weitere Bemerkung zum Programmierstil: aufgrund langjähriger Erfahrung scheint es sicherer zu sein, wenn bei den Kontrollstrukturen auch einzeln stehende Anweisungen mit geschweiften Klammern geblockt werden; oftmals muss etwas ergänzt werden – und dann ist die Konstruktion z.B. der if-Anweisung schon korrekt vorbereitet. Das heißt, das oben gezeigte if-else-Konstrukt schreibt sich „vorsichtshalber" bereits mit den geschweiften Klammern in folgender Form.

```
if (x != 0)    /* falls x ungleich 0 ist ... */
{
    z = z / x; /* dann dividiere z durch x    */
}
else           /* andernfalls ...            */
{

    z = -1;    /* setze z auf den Wert -1    */
}
```

Dies ist zwar etwas länger, dafür aber „zukunftssicher" in Hinblick auf spätere Ergänzungen.

Übrigens ist die hier gezeigte Situation das Beispiel dafür, wann ein Semikolon hinter einer schließenden geschweiften Klammer – dem Blockende – einen Fehler darstellt! Wird der erste Anweisungsblock (vor dem else) im oben gezeigten Beispiel (versehentlich) auch noch mit einem Semikolon beendet, so „stört" die leere Anweisung und der else-Zweig führt zu einem Compilerfehler, der beim Borland C-Compiler wie folgt aussieht.

```
Fehler E2054 beispiel.c 18: else an ungültiger Position in
Funktion main
```

6.4   Iterationen (while, for, do-while)

C bietet die in den meisten Programmiersprachen üblichen drei Wiederholungsstrukturen (Iterationen) an, die sogenannten „Schleifen": die kopfgesteuerte `while`-Schleife, die fußgesteuerte `do-while`-Schleife und eine weitere Schleifenart mit dem Schlüsselwort `for`, die manchmal etwas irreführend als Zählschleife bezeichnet wird.

Eine Schleifenstruktur ermöglicht es somit, eine oder mehrere Anweisungen mehrfach ausführen zu lassen. Wie oft dies dann geschieht, kann von beliebigen Bedingungen abhängig gemacht werden.

„Kopfgesteuert" bedeutet hierbei, dass vor dem Ausführen der Anweisung(en) im sogenannten Schleifenrumpf die Schleifen-Bedingung geprüft wird; nur wenn diese zutrifft. Es kann also bei dieser Schleifenart sein, dass der Schleifenrumpf gar nicht ausgeführt wird. Daher spricht man hierbei manchmal auch von einer „abweisenden Schleife".

Die „fußgesteuerte" Schleife prüft die Bedingung erst nach einer Abarbeitung des Schleifenrumpfes. Dies ist typischerweise bei Benutzer-Auswahlmenüs der Fall, bei denen der Anwender auf jeden Fall einmal eine Auswahl aus mehreren Alternativen treffen darf, bevor das Programm beispielsweise beendet wird.

Klassischerweise meint man mit „Zählschleife", dass mit einer einfachen Zählvariablen eine vorher bereits feststehende Anzahl von Schleifendurchgängen ausgeführt werden soll.

6.4.1   Die while-Schleife

Die kopfgesteuerte `while`-Schleife hat die Syntax

```
while ( ausdruck ) anweisung
```

und wird solange abgearbeitet, wie der <u>ausdruck</u> einen Wert ungleich 0 besitzt. Umgangssprachlich spricht man davon, dass `ausdruck` „wahr ist" oder „zutrifft", aber technisch ist es in C nur die einfache Entscheidung ungleich oder gleich 0.

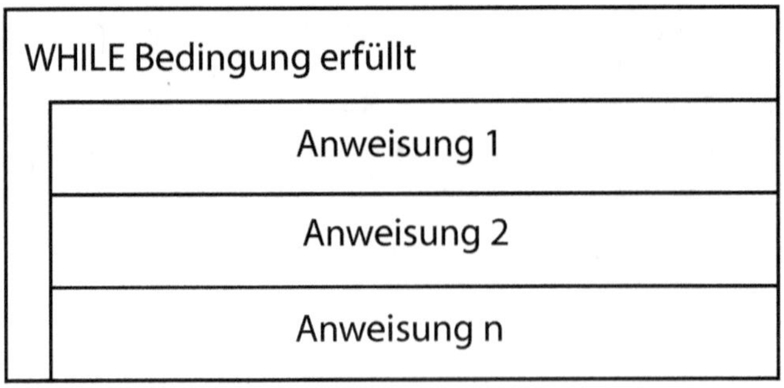

WHILE Bedingung erfüllt
Anweisung 1
Anweisung 2
Anweisung n

Abbildung 12: Darstellung der while-Schleife im Nassi-Shneidermann-Diagramm

Beispiel:

```
while ( i < MAX )
{
    sum += i;   /* sum wird um i erhoeht */
    i++;        /* i wird um 1 erhoeht    */
}
```

Als kleine Erinnerung an die kompakten Möglichkeiten, C-Anweisungen zu notieren: dieses Beispiel ließe sich auch schreiben in folgender Form.

```
while ( i < MAX )
{
    sum += i++;   /* sum wird um i erhoeht, anschliessend i um 1
                    erhoeht */
}
```

Die geschweifte Block Klammerung wäre hierbei natürlich nicht mehr zwingend erforderlich, da in der while-Schleife nur eine einzige Anweisung steht. Aus dem zuvor genannten Grund empfehlen wir jedoch auch hier, stets die geschweiften Klammern zu verwenden.

6.4.2   Die do-while-Schleife

In der Praxis etwas seltener wird die fußgesteuerte do-while-Schleife eingesetzt. Bei diesem Schleifentypus wird die Bedingung erst nach dem ersten Durchlauf geprüft. Diese Schleifenart empfiehlt sich somit für alle Situationen, in denen mindestens einmal der Rumpf der Schleife, d.h. die Anweisungssequenz, durchlaufen werden soll. Dies ist zum Beispiel bei einem „Auswahlmenü" für den Anwender der Fall.

Die Syntax ist

```
do
{
    anweisungen
} while ( ausdruck );
```

dabei werden wiederum die anweisungen solange abgearbeitet, wie ausdruck einen Wert ungleich 0 besitzt, also umgangssprachlich „wahr" ist.

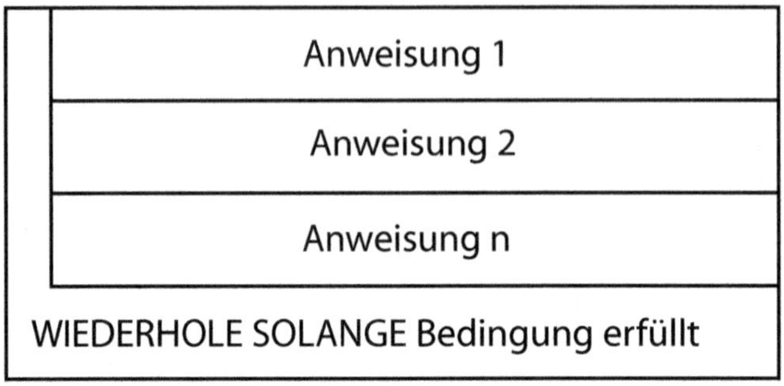

| Anweisung 1 |
| Anweisung 2 |
| Anweisung n |
| WIEDERHOLE SOLANGE Bedingung erfüllt |

Abbildung 13: Darstellung der fußgesteuerten do-while-Schleife

Auch hierzu ein kleines Beispiel:

```
do
{
  sum += i;
  i++;
} while ( i < MAX );
```

Frage an den Leser: leistet dieses Beispiel genau dasselbe wie das vorherige zur while-Schleife?

Tipp

Testen Sie das mit einem kleinen Programm, in dem Sie MAX auf 5 und vor der Schleife i=0 setzen und sich in jedem Schleifendurchgang die aktuellen Werte von i und sum anzeigen lassen.

6.4.3   Die for-Schleife

Die for-Schleife in C ist ein sehr mächtiges Konstrukt, das durchaus nicht nur für die klassischen Zählschleifen verwendet wird, also die Wiederholungsstrukturen, bei denen über einen Zähler (zum Beispiel von 1 bis 10) eine feste Anzahl von Durchläufen gesteuert wird.

Die Syntax hat die Form

```
for ( ausdruck1 ; ausdruck2 ; ausdruck3 ) anweisung
```

Beispiel: Die nachstehende for-Anweisung summiert alle ganzen Zahlen von 1 bis 10 in der Variablen summe auf.

```
int summe=0, i;   /* Die Variablen summe und i werden deklariert
                     und definiert */
   for (i=1; i<=10; i++)
   {
      summe += i;
   }
```

Die `for`-Schleife ist im übrigen äquivalent zu der nachstehend gezeigten `while`-Schleife. Daher geben wir für diese Schleifenart kein gesondertes Struktogramm an, sondern verweisen auf die Darstellung der `while`-Schleife.

```
ausdruck1;
while (ausdruck2)
{
   anweisung
   ausdruck3;
}
```

Das bedeutet: `ausdruck1` ist eine Anweisung, die vor dem eigentlichen Schleifenbeginn ausgeführt wird, die sogenannte *Initialisierung* der Schleife. `ausdruck2` ist die logische Bedingung, die die weitere Schleifenverarbeitung regelt: solange `ausdruck2` erfüllt (d.h. C-technisch gesehen ungleich 0) ist, wird `anweisung` ausgeführt. Schließlich ist `ausdruck3` eine Anweisung, die zum Abschluss eines jeden Schleifendurchgangs ausgeführt wird, die sogenannte *Reinitialisierung*.

Beispiel: Soll bei der Schleife zu Beginn nichts initialisiert werden, so kann ein `for`-Konstrukt auch so aussehen:

```
   for ( ; i<10; i++ )   /* Zwischen Klammer-auf und Semikolon steht
                            nichts! */
   {
      sum += i;
   }
```

Eine `for`-Schleife bietet gegenüber der einfacheren `while`-Schleife also vor allem den Vorteil, dass alle steuernden Anweisungen und Informationen in der Kopfzeile zu erkennen sind.

Im Extremfall können bei einer `for`-Schleife alle drei Ausdrücke im Kopf leer bleiben.

```
   for (;;)
   {
      /* ... */
   }
```

In diesem Falle wird nichts initialisiert und am Ende eines Schleifendurchgangs auch nichts reinitialisiert. Die weggelassene Bedingung wird als (immer) wahr interpretiert. Damit handelt es sich bei diesem Konstrukt um eine „potenzielle Endlosschleife". In einem solchen Fall muss der Programmierer dafür sorgen, dass innerhalb des Schleifenrumpfes in gewissen

Situationen beispielsweise die Funktion, in der diese Schleife steht, mit `return` beendet, oder die Schleife mittels `break` verlassen wird. Ersteres kann dann wie folgt aussehen.

```
for (;;) /* Die Bedingung ist hier leer und somit immer „wahr" */
{
    int zahl;

    printf("Bitte eine positive Zahl eingeben, 0 fuer Ende: ");
    scanf("%d",&zahl);

    if (zahl < 1)    /* Beenden der Funktion, falls zahl < 1 ist */
    {
        return;
    }

    printf("Der Kehrwert von %d ist %f.\n",1.0/zahl);

} /* Ende der for-Schleife */
```

6.5   Mehrfachverzweigung (switch)

Die Programmiersprache C kennt auch die Mehrfachverzweigung - die `switch`-Anweisung. Dabei können verschiedene Fälle in etwas übersichtlicherer Form dargestellt werden als mit geschachtelten `if`-else-Strukturen.

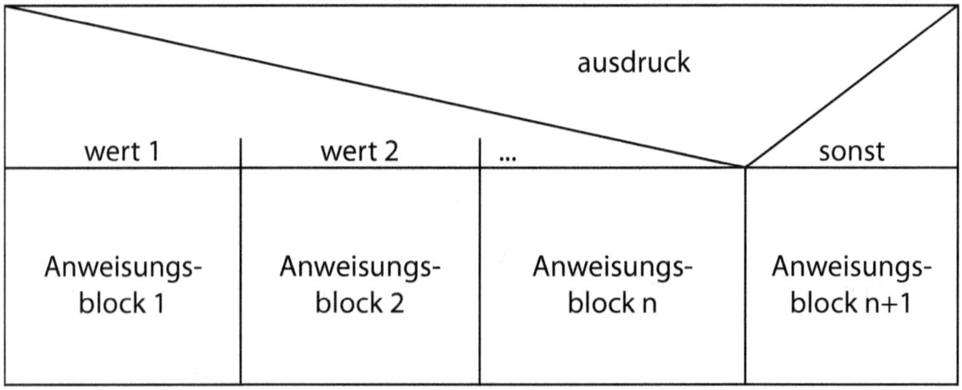

ausdruck			
wert 1	wert 2	...	sonst
Anweisungs-block 1	Anweisungs-block 2	Anweisungs-block n	Anweisungs-block n+1

Abbildung 14: Darstellung der Mehrfachverzweigung (switch)

Die allgemeine Syntax der `switch`-Anweisung hat die folgende Form.

```
switch ( ausdruck )
{
    case konstanter-ausdruck1: anweisungen1;
    case konstanter-ausdruck2: anweisungen2;

    case konstanter-ausdruckN: anweisungenN;
    default:                   anweisungen;
}
```

Hierbei wird der ausdruck mit den einzelnen konstanten (und paarweise verschiedenen) konstanten ganzzahligen Ausdrücken jeweils hinter dem Schlüsselwort `case` verglichen; wird an einer Stelle der betreffende Wert angenommen, so wird dort in das Konstrukt hineingesprungen und die dahinter stehenden Anweisungen werden ausgeführt. Dabei werden dann sämtliche weitere Anweisungen innerhalb des switch-Konstruktes abgearbeitet, also auch die, die hinter einer späteren `case`-Marke stehen!

Um diesen sog. „*Fall Through*" zu verhindern, kann mit dem Schlüsselwort `break` (vgl. hierzu den nächsten Abschnitt) der Ausstieg aus dem Konstrukt befohlen werden, wie im entsprechenden Beispiel dort gezeigt werden wird.

Trifft keine der `case`-Marken zu, so wird bei dem Schlüsselwort `default` eingesprungen; diese Marke darf jedoch auch fehlen, in diesem Fall findet bei `switch` dann keine Verarbeitung statt.

Der Fall Through in der Praxis

Der Fall Through in einer `switch`-Anweisung wird in gewissen Situationen absichtlich genutzt. Stellen wir uns vor, es geht um eine Benutzereingabe. Mit der Eingabe von 'A' sollen die Daten ausgegeben werden, mit 'L' möchte man löschen, mit 'E' das Programm beenden können. Dann sieht das Grundgerüst für diese Mehrfachalternative wie folgt aus.

```
scanf("%c",&auswahl);
switch(auswahl)
{
    case 'a':   ausgeben();
                break;

    case 'e':   return EXIT_SUCCESS; /* hier wird bereits die
                                        komplette Funktion beendet */

    case 'l':   ausgeben();
                break;      /* dieses letzte break koennte man
                               natuerlich auch weglassen */
}
```

Bei genauerem Hinsehen stellt man fest, dass dieses Programmfragment nur auf die Eingabe von Kleinbuchstaben reagiert. Es könnte aber sein, dass der Anwender ein großes 'A' eingibt. Vermutlich soll auch dann die Ausgabe der Daten erfolgen. Hier bietet sich folgende `switch`-Variante an, die den Fall Through geschickt nutzt.

```
switch(auswahl)
{
//1//
    case 'A':
//2//
    case 'a':    ausgeben();
                 break;

    case 'E':
    case 'e':    return EXIT_SUCCESS;

    case 'L':
    case 'l':    ausgeben();
                 break;
}
```

Nun wird bei Eingabe eines 'A' in Zeile //1// eingesprungen, bei Eingabe von 'a' in Zeile //2//. Der Effekt ist wegen des Fall Throughs jedoch derselbe, in beiden Fällen wird die Funktion `ausgeben()` aufgerufen (und anschließend bei break das switch-Konstrukt wieder verlassen).

Hinweis

Die Überprüfung eines Ausdrucks innerhalb einer `switch`-Anweisung erfolgt nur auf Gleichheit. Aus diesem Grund ist es also nur möglich konstante Ausdrücke zu verwenden. Konstrukte, wie z.B.

```
case a <= 5:
```

sind innerhalb einer `switch`-Anweisung nicht möglich. Für solche Fälle sollte eine `if`-Abfrage verwendet werden.

6.6   Abbruchmöglichkeiten (continue, break, exit)

Es ist manchmal sinnvoll, einen strukturierten Ablauf vorzeitig abzubrechen. Dies kann um den Preis umfangreicheren und schwerer zu lesenden Codes stets durch die Einführung logischer Flags[19] geschehen, die den weiteren Ablauf z.B. eines Teiles der Anweisungen einer Schleife regeln. C stellt aber einige Möglichkeiten bereit, gezielt einen solchen vorzeitigen Ausstieg (und nur diesen) vorzunehmen.

6.6.1   continue

Die Anweisung

```
continue;
```

bewirkt innerhalb einer Schleife, dass der restliche Schleifenkörper übersprungen wird und es mit ggf. dem nächsten Schleifendurchlauf weitergeht. Bei verschachtelten Schleifen bezieht sich continue nur auf die innerste Ebene.

Beispiel:

```
for (i=1; i<=20; i++)
{
  if (i%4 == 0)
  {
    continue;      /* ist i durch 4 teilbar, so wird
                      der Rest übersprungen */
  }
  /* hier geht es für die Werte von i weiter, die nicht durch 4
     teilbar sind */

} /* end for */
```

6.6.2   break

Die Anweisung

```
break;
```

ist sehr einfach: stößt das Programm innerhalb einer Schleife oder einer switch-Anweisung auf ein break, so wird die entsprechende Ablaufstruktur (vorzeitig) verlassen.

Beispiel:

```
switch ( i )
{
  case 1 :  printf("\nEins\n");   /* Einstieg, falls i == 1 ist */
            break;
```

---

[19] In dem hier verwendeten Kontext bedeutet Flag eine Variable, die gewisse Zustände darstellt. Ein Beispiel für ein Flag ist ein Prüfkennzeichen. Wurde im Verlauf des Programms eine Eigenschaft geprüft, kann in diesem Beispiel das Kennzeichen auf den Status „geprüft" gesetzt werden. Bei der Programmierung verwendet man meist einen boolschen Ausdruck (true bzw. false) bzw. in C Zahlen (z.B. Integer-Werte) zum Kennzeichnen von Flags (0 bzw. 1).

```
    case 2 :   printf("\nZwei\n");   /* ohne break; wird im Falle
                                         von i==2   */

                                     /* in der nächsten Zeile
                                         weitergemacht */
    case 3 :   printf("\nDrei\n");
               break;
  default:   printf("\nKeine der Zahlen...\n");
               break;        /* nicht erforderlich, aber guter Stil */
  } /* end switch /
  /* Hier geht es nach einem break weiter ... */
```

Auch bei Schleifen kann die Anweisung break verwendet werden. Trifft das Programm innerhalb einer Schleife auf diese Anweisung, so wird der Block der Schleife verlassen.

Beispiel:

```
    char eingabe;
    int summe = 0;
    int i;

    for(i=1; i<=10; i++)
    {
        /* Abfrage, ob weiterhin aufsummiert werden soll. */
        fflush(stdin);
        printf("Soll weiter aufsummiert werden (j / n)?\n");
        scanf("%c",&eingabe);

        /* Ueberpruefung der Eingabe */
        if(eingabe == 'j')
        {
            summe += i;
        }
        else
        {
          /* Verlassen der Schleife, wenn kein 'j' eingegeben wurde */
          break;
        }
    }
    printf("Summe: %d\n", summe);
```

Bei geschachtelten Schleifen wird durch die break-Anweisung jeweils die innerste Schleife verlassen. Ein solches Konstrukt kommt in der Praxis jedoch eher selten vor. Die folgende Abbildung zeigt einen solchen Ablauf in schematischer Form.

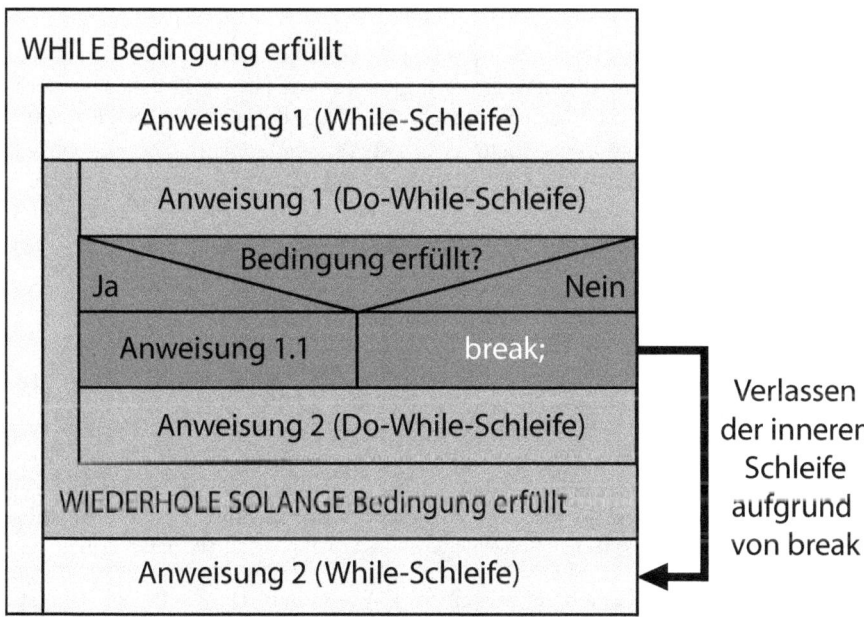

Abbildung 15: Auswirkung einer break-Anweisung bei geschachtelten Schleifen

6.6.3 Programmausstieg mit der exit-Funktion

C stellt einen weiteren Mechanismus (sozusagen als Notausstieg) bereit: Mit der Standardfunktion `exit()` wird das (gesamte) Programm beendet, gleichgültig, aus welcher Funktion heraus exit() aufgerufen wird. Der Prototyp in der Headerdatei stdlib.h ist

```
void exit(int status);
```

Als status kann dabei ein Wert an die aufrufende Instanz (Betriebssystem) zurückgeliefert werden. Vordefiniert sind die beiden (in zahlreichen Beispielen bereits verwendeten) symbolischen Konstanten `EXIT_SUCCESS` und `EXIT_FAILURE`, die für einen inhaltlich erfolgreichen bzw. fehlerbehafteten Programmausstieg stehen.

In einem korrekten Programmablauf-Zweig sollte also mit

```
exit(EXIT_SUCCESS);
```

deutlich gemacht werden, dass das Programm ohne Fehler abgearbeitet worden ist; dementsprechend ist

```
exit(EXIT_FAILURE);
```

das Zeichen dafür, dass im Programm ein (nicht behebbarer) Fehler aufgetreten ist.

6.7   Sprünge (goto)

Neben den bisher vorgestellten Ablaufstrukturen gibt es wie in zahlreichen anderen
Programmiersprachen auch in ANSI-C den Sprungbefehl goto, der aber seit der Erfindung
der strukturierten Programmierung nicht mehr ernsthaft verwendet wird. Die im vorigen
Abschnitt vorgestellten Möglichkeiten, eine Ablaufsequenz vorzeitig zu verlassen, genügen in
der Praxis vollkommen.

6.8   Übungen

1. Schreiben Sie eine Funktion umwandeln(), die eine übergebene Zeichenkette in
   Großbuchstaben umwandelt. Dabei müssen die deutschen Umlaute ('ä' usw.) zunächst
   nicht berücksichtigt werden. Wie lautet der Prototyp dieser Funktion?

2. Verfeinern Sie nun Ihre o.g. Funktion umwandeln() dahingehend, dass auch die
   deutschen Umlaute berücksichtigt werden. Aus dem Wort „schön" wird durch diese
   Funktion erwartungsgemäß das Wort „SCHÖN".

3. Lösen Sie eine quadratische Gleichung mit einem C-Programm. Das heißt: zur Eingabe
   der reellen Zahlen p und q soll Ihr Programm die Lösbarkeit der Gleichung $x^2+px+q=0$
   prüfen und ggf. die Lösung(en) auf die Konsole ausgeben. (Sollte Ihnen seit der Schulzeit
   die p-q-Formel abhanden gekommen sein, sehen Sie bitte in einem Mathematikbuch
   nach...)
   Zur Implementierung wird die in der Headerdatei math.h deklarierte Funktion sqrt()
   zur Berechnung der Wurzel einer nichtnegativen double- oder float-Zahl benötigt. Die
   Wurzel aus 5 ließe sich so beispielsweise berechnen durch den Aufruf sqrt(5).

4. Schreiben Sie eine Funktion kapital(), die Folgendes berechnet. Zu einem
   übergegebenen Startkapital K soll bei einem jährlichen Zinssatz von 3% p.a. das
   Guthaben nach einer ebenfalls übergebenen Anzahl von Jahren ermittelt werden.
   Selbstverständlich sollen hierbei Zinseszinsen berücksichtigt werden.
   Eine mögliche Verwendung dieser Funktion kann wie folgt aussehen.
   printf("Kapital nach 5 Jahren: %f EUR.\n",kapital(1000, 5));

5. Modifizieren Sie die Funktion kapital() aus der vorherigen Aufgabe dergestalt, dass
   auch der Zinssatz frei gewählt und der Funktion als Parameter mitgegeben werden kann.

7 Modularität, Gültigkeitsbereiche und Speicherklassen

C ist eine Programmiersprache, die modulares Arbeiten unterstützt. Das bedeutet, dass der Quellcode für eine umfangreiche Software-Anwendung nicht in Form einer einzigen C-Datei vorliegen muss, sondern verteilt sein kann auf zahlreiche Dateien – ggf. sogar in ganz verschiedenen Verzeichnissen. Dadurch ist es u.a. auch leicht möglich, Programmcode in verschiedenen Softwareprojekten im gleichen Unternehmen einzusetzen, ohne dass dieser mühsam und wartungsintensiv von Hand kopiert werden müsste.

7.1 Modulkonzept

Als Modul wird im Folgenden der Quelltext einer einzelnen Datei, eines einzelnen Sourcefiles, angesehen werden. Das Programm seinerseits kann aus beliebig vielen Modulen bestehen, jedes Modul aus bis zu maximal 255 Funktionen. Dieser Ansatz unterstützt das Entwickeln von Software in (auch größeren sowie eventuell räumlich verteilten) Teams, denn auf diese Weise können von einzelnen Entwicklern bzw. einzelnen Teams unabhängig voneinander die betreffenden Quelltextdateien bearbeitet werden.

Ist der gesamte Quelltext eines Programms verteilt auf die Dateien main.c, sub1.c und sub2.c, so besitzt dieses Programm drei Module. Unter UNIX können diese nun mit dem Compileraufruf

```
cc main.c sub1.c sub2.c -o myprog
```
compiliert und zu einem ausführbaren Programmfile namens myprog zusammengebunden werden. Bei Verwenden beispielsweise des Borland C++ Compilers unter Microsoft Windows Betriebssystemen lautet der entsprechende Compileraufruf

```
bcc32 main.c sub1.c sub2.c
```
– das ausführbare Programm (die sogenannte „EXE-Datei") heißt in diesem Fall main.exe

Die nachstehenden Ausführungen bekommen ihren praktischen Sinn erst durch das Arbeiten mit diesem Modulkonzept, wenn also der Code des Programms auf mehrere Quelltextdateien verteilt wird.

7.2   Modularität, Gültigkeitsbereiche und Bindung

C kennt keine Verschachtelung von Funktionen wie etwa die Programmiersprache Pascal in dem Sinne, dass innerhalb der Anweisungen einer Funktion eine andere implementiert werden könnte. Das heißt: alle Funktionen werden „auf der äußersten Ebene" geschrieben. Aufgerufen werden können Funktionen aber natürlich in beliebiger Reihenfolge und Verschachtelungstiefe.

```
/* Alle Funktionen in C werden auf der äußersten Ebene
   implementiert, wie es hier für die beiden folgenden Funktionen
   gezeigt wird.
*/


int meineFunktion1(void)
{
   int ergebnis=0;
   /* ... */
   return ergebnis;
}


int meineFunktion2(void)
{
   int ergebnis=0;
   /* ... */
   return ergebnis;
}


/* Dagegen ist nachstehende Variante - wie z.B. in Pascal - nicht
   möglich! Hier wäre meineFunktion2() lokal innerhalb von
   meineFunktion1().
int meineFunktion1(void)
{
   int meineFunktion2(void)
   {
      int ergebnis=0;
      ...
      return ergebnis;
   }

   int ergebnis=0;
   ...
   return ergebnis;
}
*/
```

Da aber in jedem Block – nicht nur in dem äußersten – Variablen deklariert werden können, ist hier zumindest in dieser Hinsicht eine entsprechende Blockstruktur zu finden.

Wird in einem inneren Block eine Variable i deklariert, so überdeckt diese für die Dauer dieses Blockes eine eventuell in einem äußeren Block oder auf Grundebene (außerhalb aller Blöcke) deklarierte Variable (oder Konstante oder Funktion) i, wie im nachstehenden Code-Ausschnitt dargestellt wird.

```
int i = 10;   /* globale Variable i */

void f()
{
   int i = 5; /* in diesem Block ist die oben definierte globale
                  Variable i nicht sichtbar    */
   i++;       /* hier wird somit die lokale Variable i vom Wert 5
                  auf den Wert 6 hochgesetzt */
   /* ... */
}


/* hier hat i wieder den Wert 10, d.h. es handelt sich hier
   wieder um die globale Variable i */
```

Ein C-Programm besteht aus einer Reihe von externen (globalen) Objekten, das können Variablen oder Funktionen sein. main() ist auf jeden Fall ein solches externes Objekt. Dabei wird *extern* als Gegenstück zu *intern* verwendet und bezeichnet alle Objekte, die außerhalb einer Funktion vereinbart werden. Die Variablendeklarationen innerhalb einer Funktion führen dementsprechend zu internen oder lokalen Variablen. Auch die Variablen(namen) in den Parameterlisten sind in diesem Sinne interne Größen. Funktionen sind in ANSI-C stets extern.

Standardmäßig haben externe Objekte die Eigenschaft, dass alle Verweise auf sie mit gleichem Namen auch das gleiche Objekt bezeichnen, sogar aus Funktionen heraus, die separat compiliert worden sind. Dies nennt man externe Bindung.

Gültig ist eine interne Variable stets nur in der Einheit, in der sie deklariert wurde; eine externe Variable ist im gesamten Programm gültig – mit der Einschränkung des Überdecktwerdens durch gleichnamige lokale Variablen.

Beispiel:

```
int wert = 0;   /* ausserhalb aller Funktionen deklarierte und
                   definierte Variable */

void anyfunction(void)
{
   double wert = 0.0;
   /* hier bezieht sich der Name wert auf die lokale Variable vom
```

```
         Typ double, die global gültige Variable wert vom Typ int ist
         hier „überdeckt", also nicht ansprechbar.
    */

}
```

Funktionen, die – wie oben erwähnt – in C immer auf der globalen Ebene stehen müssen, sind von sich aus „extern", d.h. aus jedem Modul heraus kann auf sie zugegriffen werden, die entsprechenden Prototypen vorausgesetzt, damit der Compiler die jeweilige Funktion (er)kennt. Dies kann durch explizites Hinzufügen des Schlüsselwortes extern vor den Rückgabetyp betont werden.

Beispiel:

```
    extern float power(float,int);
```

Dagegen kann die Gültigkeit und Aufrufbarkeit einer Funktion auf das betreffende Modul beschränkt werden, indem vor den Rückgabetyp das Schlüsselwort static gesetzt wird.

Beispiel:

```
    static float power(float,int);
```

Nun ist die betreffende Funktion power() nur noch von Funktionen desselben Moduls aufrufbar, also von den Funktionen, die in derselben Quelltextdatei stehen. Dies ist sinnvoll zum Beispiel dann, wenn eine umfassende Software von mehreren Teams entwickelt wird; kümmert sich jedes Team um ein eigenes Modul, so kommen sich die Teams mit den Namen solcher static-Funktionen nicht in die Quere.

Diese beiden Schlüsselwörter, extern und static, werden auch bei Variablen verwendet, wie wir im folgenden Abschnitt sehen.

7.3   Speicherklassen (auto, static, register, extern)

Es gibt grundsätzlich zwei Speicherklassen für Variablen in C: *automatisch* (auto) und *statisch* (static). Zusammen mit dem Kontext der Deklaration eines Objektes (z.B. einer Variablen) bestimmen verschiedene Schlüsselwörter die zu verwendende Speicherklasse.

Automatische Objekte existieren (nur) lokal in einem Block und werden bei Verlassen des Blockes vom System wieder zerstört. Deklarationen innerhalb eines Blockes generieren automatische Objekte, sofern keine Speicherklasse explizit angegeben wird. Mit dem Schlüsselwort register deklarierte Objekte sind automatisch (auto), werden jedoch nach Möglichkeit in Hardware-Registern verwaltet. Heutzutage ist register kaum noch erforderlich, da die C-Compiler in der Regel hochoptimierten Code erzeugen und dabei selbst entscheiden, welche (automatischen) Variablen sinnvollerweise in einem Register gehalten werden können.

Statische Objekte können lokal in einem Block, in einer Funktion oder auch außerhalb von allen Blöcken deklariert werden; sie behalten ihre Speicherplätze und Werte aber in jedem Fall bei Verlassen von und bei Wiedereintritt in Blöcke und Funktionen bei!

Hierzu ein kleines Beispiel:

```
void func(void)
{
    static int aufrufzaehler = 0;
    aufrufzaehler++;
    printf("Funktion func() wurde %d-mal aufgerufen.\n",
            aufrufzaehler);
}
```

Die hier gezeigte Funktion erhält durch die lokal und statisch deklarierte Variable aufrufzaehler die Möglichkeit, mitzuzählen, wie oft sie aufgerufen wurde! Dazu erhöht sie bei jedem Durchlauf einfach ihren eigenen Zähler, der auch von außen wegen der lokalen Gültigkeit des Variablennamens nicht verändert — sprich: verfälscht — werden kann.

Generell gilt: Innerhalb eines Anweisungsblockes (und damit auch innerhalb einer Funktion) werden Objekte mit dem Schlüsselwort static als statisch deklariert. Außerhalb von allen Blöcken sind Objekte stets statisch. Mit dem Schlüsselwort static können diese lokal für ein Modul (Quelltextfile) vereinbart werden, dadurch erhalten sie eine sogenannte interne Bindung (internal linkage); für ein gesamtes Programm werden sie global bekannt, wenn keine Speicherklasse angegeben wird oder aber durch Verwendung des Schlüsselwortes extern, dadurch erhalten sie externe Bindung (external linkage).

Die nachstehende Tabelle zeigt diese – vielleicht für den Anfänger etwas sehr bunte – Vielfalt in übersichtlicher Form.

Übersicht: Speicherklassen, Gültigkeitsbereiche und Lebensdauer

Klasse	Gültigkeit	Lebensdauer	Automatische Initialisierung?
auto	Block	Block	nein
register	Block	Block	nein
extern	Programm	Programmlauf	ja
static (blockintern)	Block	Programmlauf	ja
static (außerhalb aller Blöcke)	Quelldatei (Modul)	Programmlauf	Ja

7.4   Attribute für Datentypen: const und volatile

ANSI C kennt zwei Attribute (sog. *Spezifizierer*) für Datentypen: `const` und `volatile`. Diese treten mit Typangaben gekoppelt auf.

7.4.1   const

Ein Objekt mit dem Attribut `const` (für konstant) muss initialisiert werden und kann anschließend nicht mehr verändert werden, darf also insbesondere keine neuen Werte zugewiesen bekommen. Der Compiler hat die Möglichkeit, `const`-Objekte in anderen Speicherbereichen zu verwalten als normale Variablen.

Beispiel:

```
const double PI=3.1415926;
```

7.4.2   volatile

Mit dem Attribut `volatile` wird dem Compiler mitgeteilt, dass das entsprechende Objekt durch externe Einflüsse geändert werden kann, z.B. durch das Betriebssystem. Der Compiler benötigt eine solche Angabe, damit er nicht anhand des Programmcodes davon ausgeht, dass sich ein Objekt nicht ändert und eventuell durch eine ansonsten sinnvolle Optimierung das Programm verfälscht.

Wird in einem Programmstück mehrfach auf eine Variable (einen Speicherplatz) zugegriffen, ohne dass dessen Inhalt erkennbar verändert wird, so könnte der Compiler diesen sog. Lesezugriff dadurch beschleunigen (d.h. optimieren), dass er den Inhalt der Variablen in einem Prozessor-Register zwischenlagert. Hat der Compiler jedoch nicht „verstanden", dass sich der Inhalt der Variablen zwischenzeitlich geändert haben kann, dann steht in diesem Prozessor-Register ggf. ein nicht mehr gültiger Inhalt!

Das Schlüsselwort `volatile` muss beispielsweise im Rahmen der Systemprogrammierung eingesetzt werden, wenn zwei oder mehr Prozesse Zugriff auf gemeinsame Variablen (Speicherplätze) nehmen. In diesem Fall darf der Compiler keine Optimierungen am Quellcode vornehmen, da sich der Wert eines Speicherplatzes durch einen parallel laufenden Prozess ändern könnte.

7.5   Übungen

1. Was ist im Rahmen der ANSI-C-Programmentwicklung ein Modul?

2. Nachstehend sehen Sie als einfache Konzentrationsübung ein kleines Code-Fragment. Was wird hier auf den Bildschirm ausgegeben?

```c
int main(void)
{
    int i, wert=3;
    for (i=0; i<100; i++)
    {
        int wert=95;
        if (i == wert)
        {
            printf("i hat den Wert %d.\n",i);
            wert++;
        }
    }
    printf("Die Variable wert = %d.\n",wert);
    return EXIT_SUCCESS;
}
```

3. Geben Sie ein einigermaßen sinnvolles Beispiel für eine lokale static-Variable an.

4. Wozu bzw. wann kann es sinnvoll sein, eine Funktion als static zu deklarieren?

5. Welche Konsequenzen hat es, wenn in einem Modul alle Funktionen static deklariert werden?

8 Höhere Datentypen

C kennt (mit Ausnahme von Mengen) die wesentlichen strukturierten und dynamischen Datentypen wie andere Sprachen auch: Arrays (auch Felder genannt), Strukturen (Records) und über Zeiger (Pointer) verwaltete dynamische Speicherbereiche, die also erst während der Laufzeit eines Programms bestimmt werden.

Die speziellen, etwas technischeren Themen „Variante Strukturen" und „Bit-Felder" können bei der Lektüre auch gut übersprungen werden.[20]

8.1 Arrays (Felder)

Unter dem Begriff des Arrays oder des Feldes versteht man im Rahmen der Programmierung eine Zusammenfassung gleichartiger Speicherplätze, die über einen oder mehrere Indizes angesprochen werden können. Man unterscheidet hier meist den einfachen Fall, das sog. eindimensionale Array, bei dem mit einem einfachen Index gearbeitet wird, und den allgemeinen mehrdimensionalen Fall. In mathematisch orientierten Anwendungen spricht man bei eindimensionalen Arrays auch von Vektoren, bei zwei- oder mehrdimensionalen von Matrizen.

8.1.1 Eindimensionale Arrays

Eine über einen ganzzahligen Index ansprechbare endliche Sequenz von Speicherplätzen desselben Grunddatentyps nennt man ein *eindimensionales Array*. Deklaration und Verwendung in ANSI-C werden im folgenden einfachen Beispiel arrays1.c demonstriert.

Beispiel:

```
/* arrays1.c */
#include <stdio.h>

int main(void)
{
    int i;
    int a[10];

    /* Typische Art, ein Array mit einer for-Schleife zu durchlaufen
    */
```

---

[20] Falls Sie sich als Leser für eine allgemeine Einführung interessieren sei an dieser Stelle auf das Buch „Algorithmen und Datenstrukturen" von Norbert Blum (siehe Literaturverzeichnis) hingewiesen.

```
    for (i=0; i<10; i++)
    {
        a[i]=i*i;
    }

    for (i=0; i<10; i++)
    {
        printf("An Position %d des Arrays steht %d.\n",i,a[i]);
    }

    return EXIT_SUCCESS;
} /* end main */
```

Das Ablauflisting zu arrays1.c sieht erwartungsgemäß aus:

```
An Position 0 des Arrays steht 0.
An Position 1 des Arrays steht 1.
An Position 2 des Arrays steht 4.
An Position 3 des Arrays steht 9.
An Position 4 des Arrays steht 16.
An Position 5 des Arrays steht 25.
An Position 6 des Arrays steht 36.
An Position 7 des Arrays steht 49.
An Position 8 des Arrays steht 64.
An Position 9 des Arrays steht 81.
```

Zu beachten ist hierbei, dass der Indexbereich eines Arrays stets bei 0 beginnt. Das oben deklarierte Array int a[10]; besitzt somit zwar zehn Komponenten, aber den speziellen Speicherplatz a[10] gibt es im logischen Sinne nicht! Die zehn Speicherplätze von a[0] bis a[9] sind wie ganz gewöhnliche int-Variablen zu verwenden. Hinzu kommt nur der Aspekt, dass diese Speicherplätze über den Namen des Arrays gemeinsam angesprochen und über die Indizierung bequem in Schleifenstrukturen genutzt werden können

Ein (eindimensionales) Array kann bei seiner Definition auch bereits initialisiert werden.

```
//1//
int werte[5] = { 2, 3, 4, 5, 6 };
//2//
float messdaten[] = { 21.2, 20.1, 21.3, 19.9, 19.9, 20.1 };
//3//
double kontostand[3] = { 100.00 };
```

In Zeile //1// wird ein Array von fünf int-Speicherplätzen deklariert, definiert und sofort mit den genannten Werten initialisiert. So ist werte[2] beispielsweise 4. In Zeile //2// wird ein Array von float-Werten bereitgestellt; in den eckigen Klammern darf die konkrete Angabe, wieviele Speicherplätze allokiert werden sollen, deshalb fehlen, weil sofort die Initialisierung klarstellt, dass hier konkret sechs Werte gebraucht werden. Zeile //2// ist daher äquivalent mit der nachstehend gezeigten Zeile //4//.

```
//4//
float messdaten[6] = { 21.2, 20.1, 21.3, 19.9, 19.9, 20.1 };
```

In Zeile //3// wird schließlich eine unvollständige Initialisierung demonstriert; diese führt dazu, dass alle nicht genannten Array-Elemente den Wert 0 erhalten. Im konkreten Beispiel lauten die Belegungen kontostand[0] = 100.00, kontostand[1] = kontostand[2] = 0.00.

Diese Form der Werte-Zuweisung für ein Array steht allerdings – leider – nur bei der Initialisierung zur Verfügung. Eine spätere Zuweisung muss über die einzelnen Komponenten erfolgen!

Hinter Arrays steckt bei der Programmiersprache ANSI-C im technischen Sinne nichts anderes als das Arbeiten mit Speicherplatzadressen. So ist der Name des Arrays selbst ein Synonym für die Startadresse des Speicherbereiches.

Zur weiteren Illustration sehen wir uns im Rahmen des nachfolgenden Programms arrays2.c einmal an, welche Speicheradressen in einem konkreten Beispiel vom Laufzeitsystem verwendet werden.

```c
/* arrays2.c */
#include <stdio.h>
int main(void)
{
    int  i;      /* Die ganzzahlige Variable i wird angelegt  */
    int  a[10];  /* Ein Array von 10 int-Werten wird definiert */
    int  j;      /* Die ganzzahlige Variable i wird angelegt  */

    for (i=0; i<10; i++)
    {
        a[i]=i*i;
    }
    printf("\n&i=%d",&i);           /* Adresse von i ausgeben */
    printf("\n&j=%d",&j);           /* Adresse von j ausgeben */
    printf("\na=%d",a);             /* Was ist a, das Array?  */
    printf("\n&a=%d",&a);           /* Adresse von a          */
    printf("\n&a[0]=%d",&(a[0]));   /* Adresse von a[0]       */
    printf("\n&a[1]=%d",&(a[1]));   /* Adresse von a[1]       */
    printf("\n&a[9]=%d",&(a[9]));   /* Adresse von a[9]       */
    printf("\na[0]=%d",a[0]);       /* Wert in a[0]           */
    printf("\na[1]=%d\n",a[1]);     /* Wert in a[1]           */
    return EXIT_SUCCESS;
} /* end main */
```

Das Ablauflisting zum obigen Programm arrays2.c:

```
&i=2063807476
&j=2063807432
a=2063807436
&a=2063807436
&a[0]=2063807436
&a[1]=2063807440
&a[9]=2063807472
a[0]=0
a[1]=1
```

Wie wir sehen, wird hier das Array a an der Adresse 2063807436[21] beginnend im Speicher verwaltet. Bei dem hier verwendeten Betriebssystem benötigt ein int-Speicherplatz vier Bytes, daher liegen die Adressen von a[0] und a[1] genau um 4 auseinander. Diese Situation wird in der nachfolgenden Abbildung visualisiert.

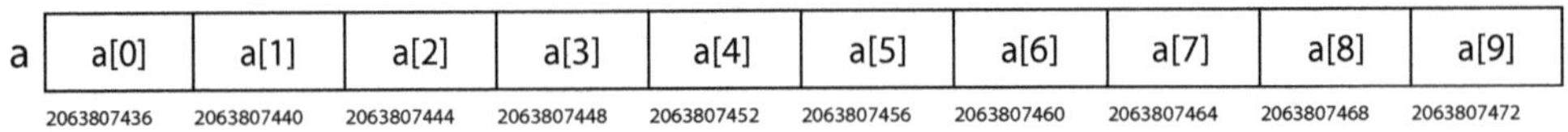

a	a[0]	a[1]	a[2]	a[3]	a[4]	a[5]	a[6]	a[7]	a[8]	a[9]
	2063807436	2063807440	2063807444	2063807448	2063807452	2063807456	2063807460	2063807464	2063807468	2063807472

Abbildung 16: Speicherlayout eines Arrays von 10 int-Werten

Aufgepasst!

Beachten Sie bei der Arbeit mit Arrays bitte unbedingt zweierlei: der Name einer Array-Variablen selbst steht für die (konstante) Startadresse. Und die Indizierung eines Arrays beginnt in C stets bei 0!

Bereits in Kapitel 5 wurden Zeichenketten vorgestellt. Auch dies sind Arrays. So deklariert und definiert in dem obigen Beispielprogramm arrays1.c die Zeile

```
char s[10]="Hello!";
```

eine Zeichenkette s mit zehn Speicherplätzen, wovon jedoch auch das Stringendezeichen ASCII-0 einen Platz belegt! s[0] ist hier 'H', s[1] ist 'e' usw. bis schließlich s[5] das '!' und s[6] das Endezeichen ASCII-0 enthält.

---

[21]   Bei der hier gezeigten Adresse handelt es sich um ein Beispiel aus einem 32-Bit-Betriebssystem. Das Betriebssystem vergibt Speicheradressen zur Laufzeit des Programms. Falls Sie dieses Beispiel ausprobieren, ist die Adresszahl mit hoher Wahrscheinlichkeit eine andere als die hier gezeigte.

> **Tipp**
>
> Noch einmal sei daran erinnert, dass in der Headerdatei string.h eine ganze Reihe von
> Funktionen für Strings deklariert sind. Sehen Sie sich im Include-Verzeichnis Ihres
> Compilers doch einmal die Datei string.h an! Nicht nur für manche Übungsaufgaben sind
> diese Funktionen sehr nützlich.

8.1.2   Mehrdimensionale Arrays

Im streng formalen Sinn kennt C keine mehrdimensionalen Arrays. Jemand, der C schon (ein
wenig) kennt – und vielleicht nur C –, wird diesen Satz nicht verstehen. Der Unterschied
zwischen einem mehrdimensionalen Array und einem „Array of Array", wie C es kennt, wird
in manchen Programmiersprachen – wie beispielsweise ADA – strikt getrennt. In der Sprache
Pascal kennt man beides, kann dort jedoch   beide gegeneinander austauschen. Dem
weitergehend interessierten Leser wird für diese und andere fortgeschrittene Fragestellungen
rund um C das hervorragende Buch „Expert C Programming" von Peter van der Linden als
vertiefende Lektüre empfohlen.

Aber selbstverständlich können Arraystrukturen auch geschachtelt werden. In diesem Sinne
kann ein zweidimensionales Array von int-Werten z.B. deklariert werden durch

```
int  Matrix[10][20];
```

Hiermit steht eine Datenstruktur mit 10*20 int-Speicherplätzen zur Verfügung; anschaulich
kann auf die Elemente in den 10 Zeilen und 20 Spalten zugegriffen werden wie folgt.

```
Matrix[0][0]=1;         /* das allererste Element               */
Matrix[9][0]=181;       /* das erste Element der letzten Zeile   */
Matrix[9][19]=200;      /* das allerletzte Element              */
```

Auch mehrdimensionale Arrays können – wie zuvor die eindimensionalen – bereits mit
Werten initialisiert werden.

```
/*
 * Anzahl an Bedienungen in einem Restaurant in jeder Stunde
 * ueber eine ganze Woche. Dienstag ist Ruhetag, am Wochenende
 * wird erst mittags geoeffnet ...
 */
int anwesend[7][24] =
{
    { 0, 0, 0, 0, 0, 0, 1, 1, 2, 2, 3, 2, 3, 4, 3, 2, 1, 1, 3, 4,
      4, 4, 4, 4 },
    { 0, 0, 0, 0, 0, 0, 0, 0, 0, 0, 0, 0, 0, 0, 0, 0, 0, 0, 0, 0,
      0, 0, 0, 0 },
    { 0, 0, 0, 0, 0, 0, 1, 1, 2, 2, 3, 2, 3, 4, 3, 2, 1, 1, 3, 4,
      4, 4, 4, 4 },
```

```
{ 0, 0, 0, 0, 0, 0, 1, 1, 2, 2, 3, 2, 3, 4, 3, 2, 1, 1, 3, 4,
    4, 4, 4, 4 },
{ 0, 0, 0, 0, 0, 0, 1, 1, 2, 2, 3, 2, 3, 4, 3, 2, 1, 1, 3, 4,
    4, 4, 4, 4 },
{ 0, 0, 0, 0, 0, 0, 0, 0, 0, 0, 0, 0, 0, 3, 3, 2, 2, 2, 3, 4,
    4, 3, 3, 3 },
{ 0, 0, 0, 0, 0, 0, 0, 0, 0, 0, 0, 0, 0, 3, 3, 2, 2, 2, 3, 4,
    4, 3, 3, 3 }
};
```

Von der unvollständigen Initialisierung kann hier ebenfalls Gebrauch gemacht werden. Modifizieren wir das Beispiel, so dass das Restaurant am Wochenende ebenfalls nicht geöffnet habe, dann vereinfacht sich die zuvor gezeigte Initialisierung. Hinsichtlich des Programmierstils darf man sich allerdings fragen, ob diese unvollständige Initialisierung in einem solchen mehrdimensionalen Fall noch gut lesbar ist.

```
/* Anzahl an Bedienungen in einem Restaurant in jeder Stunde
 * ueber eine ganze Woche. Dienstag, Samstag und Sonntag sind hier
 * geschlossen. */
int anwesend[7][24] =
{
    { 0, 0, 0, 0, 0, 0, 1, 1, 2, 2, 3, 2, 3, 4, 3, 2, 1, 1, 3, 4,
        4, 4, 4, 4 },
    { 0 },
    { 0, 0, 0, 0, 0, 0, 1, 1, 2, 2, 3, 2, 3, 4, 3, 2, 1, 1, 3, 4,
        4, 4, 4, 4 },
    { 0, 0, 0, 0, 0, 0, 1, 1, 2, 2, 3, 2, 3, 4, 3, 2, 1, 1, 3, 4,
        4, 4, 4, 4 },
    { 0, 0, 0, 0, 0, 0, 1, 1, 2, 2, 3, 2, 3, 4, 3, 2, 1, 1, 3, 4,
        4, 4, 4, 4 }
};
```

Wie zuvor sind auch hier natürlich die Namen anwesend oder Matrix bereits die (Start-)Adressen der gesamten zweidimensionalen Felder!

Sehen wir uns exemplarisch einen C-Code zur Ausgabe der eingangs definierten Matrix an.

```
/* Code-Schnipsel zur Konsolenausgabe der o.g. Matrix */
int zeile, spalte;
for (zeile=0; zeile<10; zeile++)
{
    for (spalte=0;  spalte <20;  spalte++)
    {
        printf("%d ",Matrix[zeile][spalte]);
    }
    putchar('\n');  /* Zeilenvorschub ausgeben nach jeder Zeile
                        der Matrix */
}
```

8.2   Strukturen

Eine Struktur ist eine Zusammenfassung verschiedener Komponenten zu einer Einheit. Solche Zusammenfassungen können einfache Zusammenfassungen im Sinne einer Aneinanderreihung sein, wie wir sie im nächsten Abschnitt kennenlernen werden. Es können aber auch variante Strukturen, sogenannte Unions, sein, bei denen zu einem Zeitpunkt nur eine von mehreren Alternativen wirksam ist. Ein weiterer Spezialfall sind dann die etwas technischer orientierten Bit-Felder.

8.2.1   Einfache Strukturen (struct)

Eine (einfache) Struktur ist eine Zusammenfassung verschiedener Komponenten zu einer Einheit. Diese Komponenten können dabei – im Gegensatz zu den zuvor beschriebenen Arrays – von ganz unterschiedlichen Datentypen sein. In C werden solche Strukturen mit dem Schlüsselwort struct deklariert. Diese werden beispielsweise in Zusammenhang mit Datenbanken benötigt, etwa für einen Kundendatensatz u.ä.

Name	Gehalt	Verheiratet

Struktur Mitarbeiter

Abbildung 17: Beispiel einer einfachen Struktur

Die hier im Bild gezeigte, gegenüber dem realen Praxiseinsatz stark vereinfachte Struktur Mitarbeiter können wir in C wie folgt deklarieren.

```
struct Mitarbeiter
{
    char  Name[50];      /* Nachname des Mitarbeiters */
    float Gehalt;        /* Bruttogehalt in Euro      */
    int   Verheiratet;   /* 1 für ja, 0 für nein      */
};
```

Damit ist allerdings zunächst nur der Datentyp struct Mitarbeiter beschrieben, es gibt noch keinen konkreten Speicherplatz, noch keine Variable von diesem Typ. Solcher kann anschließend in der gewohnten Syntax bereitgestellt werden.

```
struct Mitarbeiter mitarbeiter1, mitarbeiter2,
mitarbeiterarray[10];
```

Hier werden zwei einzelne Variablen und ein Array bestehend aus 10 Mitarbeiter-Datensätzen angelegt.

Falls man eine globale Variable eines solchen Struktur-Typs benötigt, so kann man diese direkt mit der Typdeklaration verbinden.

```
struct Mitarbeiter
{
    char  Name[50];        /* Nachname des Mitarbeiters    */
    float Gehalt;          /* Bruttogehalt in Euro         */
    int   Verheiratet;     /* 1 für ja, 0 für nein         */
} globaler_mitarbeiter; /* globale Variable dieses Typs */
```

Nachstehend sehen wir uns ein komplettes kleines Beispielprogramm mit einem solchen struct-Datentyp an. Spätestens hier wird im übrigen die Verwendung der typedef-Anweisung sehr sinnvoll!

```
/*  beispiel-structs.c - Der Beginn einer kleinen
    Personalverwaltung */

#include <stdio.h>
#include <stdlib.h>


#define STRLEN  128        /* Der Präprozessor ersetzt STRLEN
                              durch 128 */

struct Personal /* Deklaration eines struct-Datentyps   */
{
  char  Nachname[STRLEN];
  char  Vorname[STRLEN];
  int   PersonalNr;
  float Gehalt;
} personal1;    /* Anlegen einer globalen Variablen dieses Typs */
typedef struct Einsatz  /* Der Datentyp struct Einsatz wird hier
                           */
{                        /* deklariert und durch das typedef mit
                              dem Namen EINSATZ abgekürzt
                           */
  char  Fach[STRLEN];
  int   Stunden;
  char  Kommentar[STRLEN];
} EINSATZ;

int main(void)
{
  struct Personal personal2;
//1//
  EINSATZ einsatz; /* synonym fuer struct Einsatz einsatz; */

  strcpy(personal1.Nachname,"Müller");
  strcpy(personal1.Vorname,"Alfons");
```

```
personal1.PersonalNr=111;
personal1.Gehalt=999.99;
personal2=personal1;

strcpy(einsatz.Fach,"Mathematik");
einsatz.Stunden = 60;
strcpy(einsatz.Kommentar,"");

return EXIT_SUCCESS;

} /* end main */
```

In diesem Beispiel wird ein Datentyp `struct Personal` vereinbart mit den Komponenten Nachname, Vorname, PersonalNr und Gehalt der entsprechend genannten Datentypen. Damit ist noch kein Speicherplatz allokiert − d.h. bereitgestellt − worden. Dies geschieht erst durch das Anfügen des Bezeichners `personal1` hinter die Strukturdefinition: `personal1` ist hier also eine (externe) global gültige Variable mit den genannten Komponenten. Der Zugriff, wie weiter unten in dem Beispielprogramm structs1.c zu sehen, geschieht durch den Punktoperator: mit dem Ausdruck `personal1.Nachname` greift man auf die Komponente `Nachname` der Variablen `personal1` zu.

Wie im Hauptprogramm zu sehen ist, muss allerdings bei jeder neuen Deklaration einer Variablen von diesem Strukturtyp auch das Wort struct mitgeschrieben werden, was meist unbequem ist. Die Typendefinition `EINSATZ` im obigen Beispiel zeigt, wie es angenehmer geht: innerhalb der typedef-Klausel wird die Struktur `Einsatz` deklariert und dieser dann der Synonymname `EINSATZ` (in Großbuchstaben) gegeben. Eine Variable `einsatz` kann dann wie oben im Hauptprogramm (vgl. Zeile //1//) einfach durch

```
    EINSATZ einsatz;
```
deklariert und definiert werden.

Natürlich können Strukturen (wie alle anderen höheren Datentypen) auch geschachtelt werden. Legen wir die Deklarationen aus dem obigen Beispiel structs1.c zugrunde, so kann mit

```
struct STRUKTUR
{
    struct Personal    p;
    EINSATZ            e;
} struktur;
```
eine Variable `struktur` vom Typ `struct STRUKTUR` vereinbart werden; korrekt sind dann die Zugriffe `struktur.p.PersonalNr` oder `struktur.e.Stunden`.

8.2.2   Variante Strukturen (union)

Während bei der „normalen" Struktur alle Komponenten im Speicher (direkt) hintereinander liegen, gestattet der Datentyp union das umzusetzen, was in der Programmiersprache Pascal als „variante Records" bekannt ist: mehrere Komponenten liegen „übereinander", so dass ein- und derselbe Platz für verschiedenartige Daten genutzt werden kann. Das bedeutet für eine Variable eines solchen union-Typs, dass der Speicherbereich für die verschiedenen Varianten bei derselben Adresse beginnt. Der Speicherbedarf der gesamten union wird durch die größte Variante bestimmt. Die Syntax ist ansonsten wie bei den (festen) structs.

Auch hier sehen wir uns einfach ein kleines Beispiel an, das die Verwendung von varianten Strukturen verdeutlicht. Hier wird eine solche variante Struktur namens U2 deklariert, die wahlweise die Komponente s als Zeichenkette der Länge 10 oder die Komponente i als vorzeichenlose (unsigned) Ganzzahl besitzt. Insgesamt benötigt U2 (nur) 10 Bytes, denn die Komponenten s und i teilen sich den Speicherplatz. Zu einem bestimmten Zeitpunkt kann hier nur entweder s oder i sinnvoll angesprochen werden!

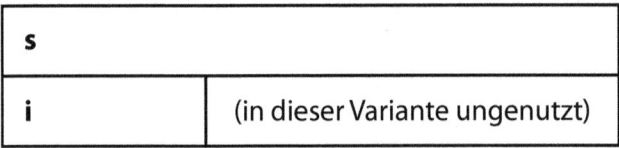

union U2

Abbildung 18: Skizze einer einfachen Union

```
/* unions1.c */

#include <stdio.h>
#include <string.h>

union U2
{
  unsigned char   s[10];
  unsigned int    i;
} u2;

int main(void)
{
  printf("sizeof(struct U2): %d\n",sizeof(union U2));   /* ==10 */
  printf("sizeof(struct u2): %d\n",sizeof(u2));

  u2.i=123;
  strcpy(u2.s,"A");
```

```
/* Nun ist (auf dem PC!) u2.i==65 (ASCII-Code von 'A') */
return EXIT_SUCCESS;
} /* end main */
```

Verwendet werden solche varianten Strukturen (unions) z.B. dann, wenn in einem Datenbestand sich ausschließende verschiedenartige Ausprägungen auftreten können und man die jeweils auf gleichviel Speicherplatz unterbringen möchte.

Beispiel 1: Es geht um die Modellierung von geometrischen Objekten. Hier gebe es der Einfachheit halber nur Rechtecke und Kreise. Dann machen die folgenden zur Demonstration einfach gehaltenen Struktur-Typen Sinn.

```
struct Punkt
{
    float x;
    float y;
};

struct Rechteck
{
    struct Punkt linksoben;
    struct Punkt rechtsunten;
};


struct Kreis
{
    struct Punkt mittelpunkt;
    float        radius;
};

union GeometrischesObjekt
{
    struct Punkt    punkt;
    struct Rechteck rechteck;
    struct Kreis    kreis;
};
```

```
union GeometrischesObjekt arrayGO[100];
```

Die Datentypen struct Punkt, struct Rechteck und struct Kreis erklären sich praktisch selbst. Der Datentyp union GeometrischesObjekt dient nun dazu, ein zunächst nicht näher bekanntes geometrisches Objekt zu definieren, dem man dann zum Zeitpunkt der Verwendung die gewünschten Attribute zuweisen kann, also etwa die beiden Eckpunkte für ein Rechteck.

Noch mehr Charme bekommt diese Union-Konstruktion im Falle des gezeigten Arrays
arrayGO: hier können nun bis zu 100 geometrische Objekte verwaltet werden, die nicht
einmal alle von gleicher Art sein müssen. Das heißt, hier können sich Kreise, Rechtecke und
Punkte beliebig abwechseln.

Hinweis zum Codebeispiel

Der aufmerksame Leser stellt natürlich ein kleines Problem in dem hier gezeigten Code
fest. Welches? – Wir greifen dies anschließend als Übungsaufgabe auf!

Beispiel 2: Im PC-Bereich werden Unions eingesetzt für die Arbeit mit den Registern, die
einmal byteweise, ein anderes Mal in Worteinheiten angesprochen werden müssen. Hierbei
ist ein *Wort* definiert als 2 Bytes. Gängige Compiler wie der von Borland deklarieren daher
die folgenden Strukturen und die Union REGS. Leser, denen dieses Beispiel zu technisch ist,
können es natürlich gerne überspringen.

```
struct WORDREGS            /* wortweise adressierte Register AX,
                              BX usw. */

{
    unsigned short  ax, bx, cx, dx, si, di, cflag, flags;
};

struct BYTEREGS            /* byteweise adressierte Halbregister
                              AL, AH usw. */
{
    unsigned char   al, ah, bl, bh, cl, ch, dl, dh;
};

union   REGS               /* die variable Verbindung dieser
                              beiden */
{
    struct  WORDREGS x;
    struct  BYTEREGS h;
};
```

Wird nun eine Variable

```
union REGS reg;
```

deklariert, so kann mit

```
reg.x.ax = 0xFF00;
/* höherwertiges Byte auf 0xFF setzen, niedrigerwertiges Byte auf
0x00 */
```

dafür gesorgt werden, dass reg.h.ah den Wert 0xFF, reg.h.al den Wert 0x00 erhält. Die
hexadezimale Notation 0x wurde in Abschnitt Konstanten (Literale) auf Seite 29 vorgestellt.

8.2.3   Bit-Felder

Ein technischer Spezialfall einer Struktur sind die sogenannten Bit-Felder (bit fields). Hier wird in einer Strukturvereinbarung – durch einen Doppelpunkt getrennt – jeweils festgelegt, wieviele Bits eine Komponente umfassen soll. Dieser Ansatz eignet sich insbesondere gut zur Verwaltung von sog. Flags, logischen Merkern.

Die formale Syntax zur Deklaration eines solchen Bit-Feldes sieht aus wie folgt.

```
struct neuer-typname
{
    typname  komponentenname  :  groesse;
    ...
    typname  komponentenname  :  groesse;

};
```

Praktisch alle Aspekte von Bit-Feldern sind abhängig von dem konkreten Compiler. Bit-Felder haben keine Adressen, so dass der Adressoperator & auf sie nicht angewendet werden kann.

Sehen wir uns ein einfaches Beispiel hierzu an.

```
/* bitfeldbeispiel.c */
#include <stdio.h>
#include <stdlib.h>

struct datum
{
    unsigned int tag   : 5;  /* 5 Bits genuegen fuer die Werte 1
                                 bis 31                         */
    unsigned int monat : 4;  /* 4 Bits genuegen fuer 1 bis 12   */
    unsigned int jahr  : 7;  /* Mit 7 Bits kann man 128
                                 Moeglichkeiten codieren        */
};                           /* - also z.B. die Jahre ab 2000
                                 durchzaehlen                   */

int main()
{
    struct datum datum1;

    /* Das Datum wird auf den 1.Dezember 2006 gesetzt. */
    datum1.tag = 1;
    datum1.monat = 12;
    datum1.jahr = 6; /* 0 steht fuer 2000, 6 somit fuer 2006 */
    printf("Groesse der Struktur: %d\n",sizeof(struct datum));
```

```
    printf("Datum:    %2d.%02d.%d\n",datum1.tag,datum1.monat,
           datum1.jahr+2000);


    return EXIT_SUCCESS;
}
```

Die hier gezeigte Struktur struct datum definiert ein platzsparendes Datum, denn insgesamt benötigt eine Variable dieses Typs nur 4+5+7 = 16 Bits, also zwei Bytes.

Wenn Sie sich als fleißiger Leser die Ausgabe des obigen Programms praktisch ansehen, stellen Sie vielleicht fest, dass die Größe des Datentyps mit vier Bytes statt der hier genannten zwei Bytes angegeben wird. Dies ist kein echter Widerspruch, sondern liegt daran, dass jeder Compiler solche Strukturen anlegen kann, wie er es für sinnvoll erachtet. Der ANSI-C-Standard legt hier nichts fest. Wird in einer Bit-Feld-Struktur der Datentyp int (mit)verwendet, so gehen gängige Compiler davon aus, dass mindestens die Breite eines int-Speicherplatzes benötigt wird, das heißt hier werden dann mind. sizeof(int) (also auf 32-Bit-Systemen vier) Bytes verwendet.

Hier noch ein etwas weitergehendes Beispiel, das die sog. Bit-Manipulationen (siehe hierzu Abschnitt 4.1.4 Bit-Manipulationen) verwendet. In diesem Beispiel werden einzelne Bits als sogenannte Flags verwendet, die also jeweils nur zwei Zustände besitzen, „ein" und „aus".

```
/* bitfields.c */
#include <stdio.h>
//1//
#define TRUE     (1==1)
//2//
#define FALSE    (0==1)

int main(void)
{
  struct Bitfields    /* Das geht auch lokal in einer Funktion */
  {
      unsigned int optionA : 1;
      unsigned int optionB : 1;
  } bf;

  bf.optionA=TRUE;
  bf.optionB=TRUE;

  printf("Option A ist%s aktiv.\n",(bf.optionA ? "" : " nicht"));
  printf("Option B ist%s aktiv.\n",(bf.optionB ? "" : " nicht"));
  bf.optionA = ~bf.optionA;
  printf("\nNach \"bf.optionA = ~bf.optionA;:\n\n");
  printf("Option A ist%s aktiv.\n",(bf.optionA ? "" : " nicht"));
  printf("Option B ist%s aktiv.\n",(bf.optionB ? "" : " nicht"));
```

```
      return EXIT_SUCCESS;

} /* end main */
```

Es wird lokal in der Funktion `main()` ein Bitfeld bzw. eine Struktur Bitfields deklariert, die über zwei 1-Bit-Komponenten (`optionA` und `optionB`) verfügt. Mit den beiden in Zeilen //1// und //2// formulierten `#define`-Direktiven werden die symbolischen Konstanten TRUE und FALSE auf 1 und 0 gesetzt, wobei allerdings dem konkreten Rechner überlassen bleibt, in welcher internen Darstellung und Speicherbreite 1 und 0 ermittelt werden, daher die etwas eigenwillige Deklaration `(1==1)`, die eben immer TRUE ist!

Das Ablauflisting zu diesem kleinen Demonstrationsprogramm sieht qualitativ aus wie folgt:

```
Option A ist aktiv.
Option B ist aktiv.

Nach "bf.optionA = ~bf.optionA;":

Option A ist nicht aktiv.
Option B ist aktiv.
```

8.3 Pointer

Ein Pointer (Zeiger) ist ein Datentyp, bei dem Adressen von Speicherplätzen verwaltet werden. Eine Variable von einem Pointertyp kann somit jeweils eine konkrete Speicheradresse (z.B. von einer anderen Variablen) beinhalten.

Pointer sind insoweit dynamisch, als sie mit ihrer Deklaration zunächst keinen weiteren Speicherplatz zugewiesen bekommen als den, der für die eigentliche Adresse notwendig ist. Das heißt: auf einem 32-Bit-Betriebssystem benötigt ein Pointer vier Bytes.

In der Praxis verwendet werden Pointer insbesondere in zwei ganz typischen Situationen:

1. In einer Funktion muss ein Original-Speicherplatz z.B. aus dem Hauptprogramm verändert werden; da C nur das call by value-Prinzip kennt, also Parameter stets kopiert übergibt, hilft hier die Übergabe einer Adresse an die Funktion, die von dieser in Form eines Pointer-Parameters in Empfang genommen wird. Vgl. hierzu den späteren Abschnitt „Pointer als Funktionsparameter".

2. Zum Zeitpunkt des Compilierens, also der Programmerstellung, steht noch nicht fest, wieviele Speicherplätze man konkret benötigt. Hier kann mit Pointern zur Laufzeit entschieden werden, wieviel Speicher für den konkreten Programmdurchgang tatsächlich benötigt wird. Siehe hierzu den Abschnitt „Dynamische Speicherallokation".

8.3.1   Einfache Pointer

Die allgemeine Syntax der Pointerdeklaration hat die Grundform:

```
datentyp * bezeichner;
```

Die Pointervariable selbst verhält sich wie alle sonstigen Variablen auch. So ist zum Beispiel eine blocklokale Pointervariable auch nur in dem fraglichen Block gültig (vgl. hierzu 6.1 Einzelanweisungen und Blöcke). Der Speicherplatz jedoch, auf den sie aktuell zeigt, der kann sich irgendwo im Arbeitsspeicher befinden! Insbesondere kann dieser während des gesamten Programmablaufs verfügbar sein.

Beispiele:

```
int   *pi;    /* pi ist ein Zeiger auf einen int-Speicherplatz */
float *pf;    /* pf ist entsprechend ein Pointer auf float      */
char  *s;     /* s ist ein Zeiger auf einen char-Speicherplatz, */
              /* damit jedoch als Zeichenkette nutzbar, sobald  */
              /* dieser Pointer auf einen gültigen
                 Speicherbereich gesetzt wird!                  */
```

> **Aufgepasst!**
>
> Beachten Sie bitte, dass die hier gezeigten Pointer nach der hier gezeigten Deklaration noch auf keinen gültigen Speicherplatz verweisen! Bevor mit ihnen sinnvoll gearbeitet werden kann, muss zunächst eine Verbindung zu einem konkreten Speicherplatz hergestellt werden!

Nehmen wir an, wir haben eine Pointer-Variable `ptr`, die auf einen int-Speicherplatz zeigen soll, und eine int-Variable `wert`.

```
int * ptr;
int wert=1;
```

Dann können wir den Pointer `ptr` dazu nutzen, ihn auf die Variable `wert` zeigen zu lassen.

```
ptr = &wert;
```

Nehmen wir weiter (wilkürlich) an, die Variable `wert` läge im Arbeitsspeicher an der Speicheradresse 1000. Dann zeigt das nachfolgende Bild die Situation: in `ptr` wird die Adresse von `wert`, also 1000, gespeichert.

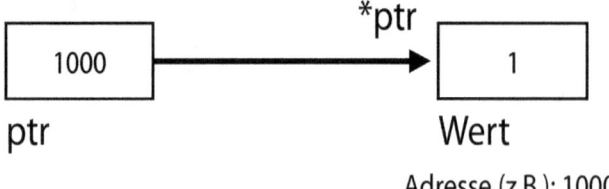

Adresse (z.B.): 1000

Abbildung 19: Der Pointer ptr zeigt auf die Variable wert

Zeigt schließlich `ptr` auf einen gültigen Speicherplatz, so wird mit `*ptr` auf den Inhalt des betreffenden Speicherplatzes zugegriffen.

```
printf("ptr zeigt auf den Speicherplatz mit dem Inhalt"
        "%d.\n",*ptr);
```

In der Situation des vorherigen Bildes wird hier der Wert 1 ausgegeben.

Die elementare Verwendung eines Pointers zeigt das nachfolgende kleine Beispielprogramm.

```
/* pointer1.c */
#include <stdio.h>
#include <stdlib.h>

int main(void)
{
    int a=1, b=2;
    int *p;        /* Deklaration und Definition einer
                      Pointervariablen */

    p = &a;        /* p wird auf die Adresse von a gesetzt, damit
                      zeigt p anschaulich auf den Speicherplatz a */

    printf("p zeigt auf den Speicherplatz mit dem Inhalt"
           " %d.\n",*p);

    p = &b;
    printf("p zeigt jetzt auf den Speicherplatz mit dem Inhalt"
           " %d.\n",*p);

    *p = *p + 8;   /* Zum Wachbleiben fuer den Leser: Was geschieht
                      hier? */
    printf("a=%d, b=%d\n",a,b);

    return EXIT_SUCCESS;
}
```

Sollte dem Leser nicht klar sein, was das obige Programm auf den Bildschirm ausgibt, dann möge er es bitte abtippen (oder von der Webseite zum Buch herunterladen) und testen.

8.3.2   Adressarithmetik

Sehen wir uns ein etwas umfassenderes Beispielprogramm an, in dem auch von der sogenannten *Pointer-* oder *Adressarithmetik* in C Gebrauch gemacht wird: zu einem Pointer bzw. der in ihm gespeicherten Adresse können wir int-Werte addieren (und von ihm in den definierten Grenzen auch abziehen). Dies geschieht allerdings „auf eigenes Risiko", wir müssen dabei als C-Entwickler selbst aufpassen, dass wir in erlaubtem Speicherbereich bleiben. Da dieser Aspekt – die Kontrolle der Speicherzugriffe – in der Praxis sehr fehleranfällig ist, verzichten zahlreiche Programmiersprachen wie etwa Java ganz auf Pointer oder (wie Pascal) zumindest auf die Adressarithmetik.

Nun widmen wir uns in diesem Buch jedoch der Sprache C, also müssen wir uns die Adressarithmetik auch ein wenig näher ansehen. Sehen wir uns zunächst die folgenden Deklarationen an.

```
int vektor[3] = { 10, 20, 30 };
int * ptr = vektor;
```

Hier wird ein Array von drei int-Werten namens `vektor` deklariert, definiert und gleich initialisiert. Dazu kommt ein Pointer auf int namens `ptr`, der durch seine Initialisierung direkt auf `vektor` zeigt.

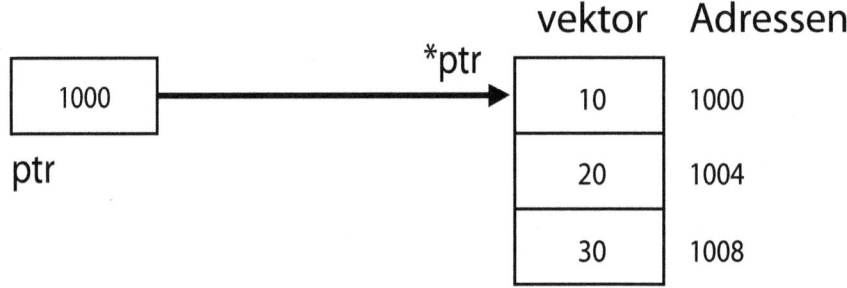

Abbildung 20: Der Pointer ptr zeigt auf das Array vektor

Dieser Pointer kann nun – ähnlich wie eine „normale" numerische Variable – verändert werden, genauer gesagt: sein Inhalt.

```
ptr = ptr + 1;
```

Mit dieser Anweisung wird der Pointer anschaulich „eins weiter" gesetzt. Dabei spielt eine wesentliche Rolle, wie er deklariert ist. „Eins weiter" bedeutet nicht einfach „plus eins" im Sinne der Byte-Adressen, die im Pointer gespeichert werden, sondern „einen Speicherplatz des genannten Datentyps" (hier int) weiter. Das heißt konkret (im Zahlenbeispiel des obigen Bildes): der Inhalt von ptr wird von 1000 auf 1004 gesetzt, unsichtbar steht in der vorherigen Anweisung also „ptr = ptr + 1 * sizeof(int)". Der Pointer zeigt danach also auf das zweite Array-Element, der nachfolgende `printf()`-Aufruf gibt somit 20 auf den Bildschirm aus.

```
printf("%d",*ptr);
```

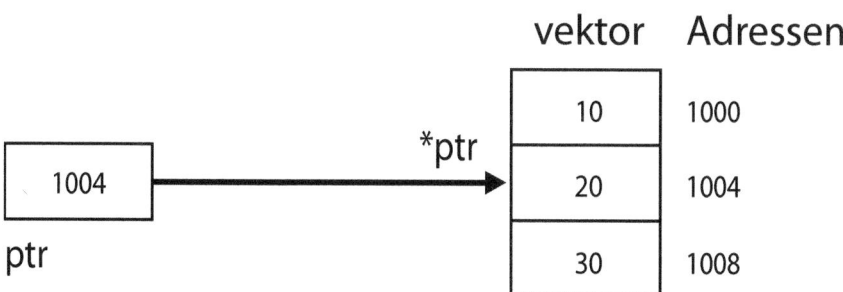

Abbildung 21: Der Pointer ptr zeigt nach der Erhöhung auf das zweite Array-Element

Was geschieht, wenn nun noch einmal die folgende Anweisung abgearbeitet wird?

```
ptr = ptr + 1; /* Das kann kuerzer geschrieben werden als
                   ptr += 1; oder ptr++; */
```

Das ist vermutlich nicht schwer. Doch was geschieht, wenn daraufhin die folgende Anweisung durchgeführt wird? Bitte zunächst überlegen – und dann vielleicht praktisch ausprobieren!

```
*ptr++;
```

Als kleine Hilfestellung noch eine ergänzende Frage: was passiert in der folgenden Anweisung?

```
(*ptr)++;
```

Alles klar? (Falls nicht, dann sei ein Blick in den Abschnitt „Übersicht: Prioritäten und Auswertungsreihenfolge" auf S. 45 empfohlen.)

Nach diesen detaillierten Vorarbeiten sehen wir uns das Ganze wieder an einem kompakten Beispielprogramm an. Auch hier ist der Leser wieder aufgefordert, das Programm praktisch zu testen und nach Belieben abzuändern und die Materie eigenständig zu erforschen.

```
/* pointer2.c */

#include <stdio.h>

int main(void)
{
   int   dummy=99, i;
   char *s, c;
   int   *pi, a[3]={ 100,110,120 } ; /* Initialisierung eines
                                         Arrays*/
   printf("1.Teil:\n");
   c='A';
   s=&c;                            /* & ist der Adressoperator   */
   printf("s=%s    s=%d    &c=%d\n",s,s,&c);
```

```
    printf("2.Teil:\n");
    pi=a;
    printf("pi=%d    *pi=%d    *pi+1=%d    *(pi+1)=%d\n",
      pi,*pi,*pi+1,*(pi+1));
    pi++;
    printf("pi=%d    *pi=%d    *pi+1=%d    *(pi+1)=%d\n",
            pi,*pi,*pi+1,*(pi+1));

    printf("3.Teil:\n");
    i=100;
    pi=&i;
    printf("pi=%d    *pi=%d    *pi+1=%d    *(pi+1)=%d\n",
            pi,*pi,*pi+1,*(pi+1));

    return EXIT_SUCCESS;

} /* end main */
```

Auch hierzu das Ablauflisting:

```
1.Teil:
s=AÆf    s=3678    &c=3678
2.Teil:
pi=3670    *pi=100    *pi+1=101    *(pi+1)=110
pi=3672    *pi=110    *pi+1=111    *(pi+1)=120
3.Teil:
pi=3682    *pi=100    *pi+1=101    *(pi+1)=99
```

Dass die Speicheradressen, die hier auftauchen, so viel kleiner sind als die z.B. in arrays1.c aufgetretenen Werte, liegt daran, dass dieses Beispiel hier auf einem PC mit einem 16-Bit-Betriebssystem protokolliert wurde: die Speicheradressen sind natürlich systemabhängig!

Zu dem Programm im Einzelnen:

Zunächst werden zwei int-Variablen deklariert (dummy und i), wobei dummy bereits auf 99 initialisiert wird. Dann werden ein Zeiger auf char (s) und ein char (c), ein Zeiger auf int (pi) und ein int-Array mit drei Komponenten (a) vereinbart. Das Array erhält bereits bei der Deklaration seine Startwerte: a[0]=100, a[1]=110 und a[2]=120.

Im 1.Teil wird dann c auf 'A' und der Zeiger s auf die Adresse von c (&c) gesetzt. Im Ablauflisting sehen wir denn auch, dass s[0] nun den Wert 'A' besitzt, die Adressen (in) s und &c sind auch tatsächlich gleich (hier exemplarisch: 3678). Allerdings sehen wir bei der Textausgabe von s, dass nach dem 'A' noch aller möglicher „Schrott" (hier beispielhaft: $Æf) folgt: das liegt daran, dass Zeichenketten soweit reichen, bis '\0' (also die ASCII-0) gefunden wird! (Frage an den Leser: wie hätten wir diesen Fauxpas vermeiden können?)

Im 2.Teil wird der Zeiger pi auf a, d.h. die Adresse des Array-Speicherbereiches gesetzt. (Sie erinnern sich? Arrays sind bereits die Startadressen!) Im darauffolgenden printf()-Aufruf werden der Reihe nach ausgegeben: der Inhalt des Pointers pi (3670), der Inhalt des Speicherplatzes (3670), auf den pi zeigt (*pi, hier: 100), dann dieser Wert plus 1 (101) und zuletzt der Inhalt des nächsten Speicherplatzes, hier 110, denn pi zeigt ja auf das erste Element des Arrays a, und 110 ist der zweite Array-Eintrag; hinter pi+1 verbirgt sich die oben erwähnte Pointerarithmetik. Anschließend wird mit der Anweisung pi++; der Inhalt von pi „einen Speicherplatz weiter" gesetzt, das ist nicht 1 Byte weiter, sondern 1*sizeof(int)! Die printf()-Ausgabe der entsprechenden Werte erklärt sich selbst.

Im 3. Teil schließlich erhält i den Wert 100, pi wird auf die Adresse von i (hier ist das 3682) gesetzt. Und – als Überraschung und Warnung gleichzeitig –: mit (pi+1) stoßen wir diesmal auf einen Speicherplatz, der mit i natürlich nichts mehr zu tun hat: dort steht der Wert *(pi+1)=99, der zuvor auf die dummy-Variable zu Kontrollzwecken zugewiesen wurde. Sie sehen: C lässt uns eine ganze Menge Freiheit!

8.3.3   Pointer als Funktionsparameter

Wie eingangs erwähnt, liegt eines der Haupteinsatzgebiete von Pointern in der Parameterübergabe. Bereits beim Einlesen einer einfachen int-Variablen i haben Sie gesehen, dass wir mit

```
scanf("%d",&i);
```
die Adresse von i angeben mussten, da eine Kopie des vorherigen Inhaltes von i nichts nachhaltig bewirken würde.

Die Funktion scanf() muss also an dieser Stelle einen Pointer-Parameter bereitstellen, der die fragliche Adresse entgegennehmen kann.

Da wir den Quellcode von scanf() nicht kennen, illustrieren wir dieses Verhalten am Beispiel einer sehr primitiven Funktion, die einen int-Wert verdoppeln soll.

```
void verdopple(int * pwert)
{
    *pwert = *pwert * 2;   /* oder fuer den, der's mag, auch
                              kuerzer:   *pwert *= 2; */
}
```
Der Aufruf dieser Funktion sieht dann so aus wie in nachstehender Zeile //1//.

```
int wert=10;
//1//
verdopple( &wert );
printf("%d",wert);  /* Kontrollausgabe: gibt erwartungsgemaess 20
                       auf den Bildschirm aus */
```

Auch bei dieser Funktion gilt natürlich das Prinzip „call by value", d.h. der aktuelle Wert eines Parameters wird beim Aufruf kopiert. Hier ist aber dieser aktuelle Wert eine Speicherplatzadresse, und über diese ist ebensogut wie über eine Kopie der „Original"-Adresse jederzeit der ursprüngliche Speicherplatz (hier von der Variablen wert) zu finden. Vgl. hierzu nachstehendes Bild.

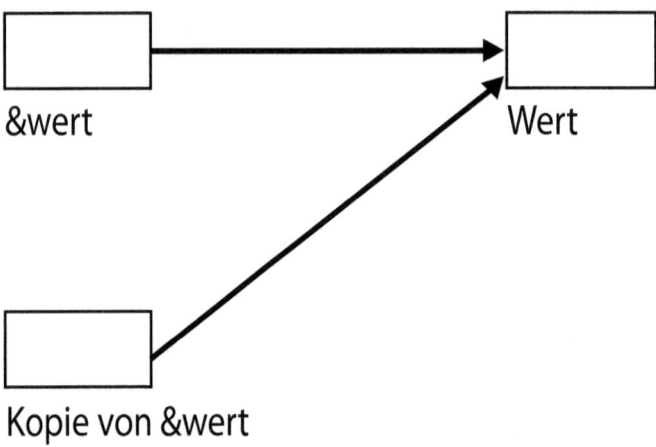

Abbildung 22: Veranschaulichung der Kopie einer Adresse

Eine kurze Bemerkung hierzu: der aufmerksame Leser schlägt an dieser Stelle evtl. vor, dass eine Funktion wie verdopple() ja auch das Ergebnis über den return-Wert zurückliefern könnte. Dies ist einerseits richtig, die Situation sieht dann aus wie nachstehend mit verdopple1() gezeigt. Auf der anderen Seite ist das hier illustrierte „call by address"-Prinzip flexibler, da hier mehrere Parameter gleichzeitig modifiziert werden können, wie mit der Funktion verdopple2() im nachstehenden Code-Auszug gezeigt wird. Unabhängig davon, welche Vorgehensweise der Leser persönlich schöner findet: zu einem umfassenden Verständnis der Software-Entwicklung mit C (und darauf basierenden Programmiersprachen) gehört auf alle Fälle, diese Möglichkeiten alle zu kennen.

```
int verdopple1(int wert)
{
    return 2 * wert;
}


void verdopple2(int * pwert1, int * pwert2)
{
    *pwert1 *= 2;
    *pwert2 *= 2;
}
```

```
int main(void)
{
    int wert=10, andererWert=20;
    wert = verdopple1( wert );
    verdopple2( &wert, &andererWert );
    /* ... */
    return EXIT_SUCCESS;
}
```

8.3.4   Dynamische Speicherallokation

Der zweite typische Einsatzbereich von Pointern neben den soeben diskutierten Pointer-Parametern ist die dynamische Speicherallokation, auf deutsch also das Anfordern und Bereitstellen von Speicherplatz (erst) zur Laufzeit eines Programms.

Während ein Array bereits bei der Definition in seiner Größe festgelegt werden muss, ist zunächst völlig offen, worauf ein Pointer zeigen soll.

```
int a[20];         /* Groesse 20 festgelegt         */
int * p = NULL;    /* Der Pointer zeigt „auf nichts" */
```

Müssen dann später – zur Laufzeit – vielleicht nicht nur 20, sondern 2000 int-Werte verwaltet werden, so hilft uns das o.g. Array nicht mehr weiter. Umgekehrt: reservieren wir sehr große Arraybereiche und benötigen diese dann nicht, dann ist das Speicherverschwendung.

Über den Pointer p können wir jedoch mit Hilfe der Bibliotheksfunktion `malloc()` dynamisch Speicher anfordern, d. h. erst zur Laufzeit des Programms. Der Prototyp dieser Funktion ist in der Datei stdlib.h zu finden. Der einzige Parameter dieser Funktion ist die Anzahl Bytes, die wir haben wollen. Damit wir aber nicht „von Hand" rechnen müssen, können wir geschickt den sizeof-Operator einsetzen, wie es die nachstehenden Code-Schnipsel illustrieren.

```
char * pchar;
int anzahl = 2000;
pchar = malloc( anzahl * sizeof(char) );
```

Hier wird ein Pointer auf char deklariert und definiert und anschließend auf die Adresse gesetzt, die die Funktion `malloc()` zurückliefert. Standardmäßig ist die Speichergröße von char nur 1 Byte, so dass hier natürlich auf die Multiplikation mit `sizeof(char)` verzichtet werden könnte. Allerdings zeigt sich hier schon der etwas allgemeinere Fall, den wir im nachfolgenden Ausschnitt mit dem Datentyp int erläutern wollen.

```
int * pint;
int anzahl;
scanf("%d",&anzahl); /* Der Benutzer gibt ein, wieviele int-
                          Speicherplaetze er benoetigt */
pint = (int *)malloc( anzahl * sizeof(int) );
```

Auch hier wird ein entsprechender Pointer bereitgestellt; an dieser Stelle ist die Multiplikation mit `sizeof(int)` allerdings wichtig, denn wir benötigen hier für `anzahl` viele int-Werte nicht nur `anzahl` Bytes, sondern `anzahl`-mal die Größe eines int-Speicherplatzes. Wie bereits erwähnt: hier muss erst zur Laufzeit, nicht bereits während des Erstellens des Quellcodes, festgelegt werden, wieviele Speicherplätze benötigt bzw. angefordert werden sollen. Dies wird in der Variablen `anzahl` vom Benutzer festgelegt.

Was dieses Beispiel noch zeigt, ist die Typenumwandlung, der Type Cast (vgl. Abschnitt 3.6 Typenkonversion (Cast)). Denn die Bibliotheksfunktion `malloc()` kann natürlich nicht wissen, welcher konkrete Rückgabe(pointer)typ jeweils gewünscht ist; sie liefert daher in ihrem Prototyp einen Pointer auf `void` (`void *`) oder bei älteren C-Compilern einen Pointer auf `char` zurück. Daher wird mit dem Cast nach `(int *)` dem Compiler mitgeteilt, dass es in Ordnung geht, diese Adresse auf einen Pointer auf int zuzuweisen. Für Puristen sei angemerkt, dass der Code auch ohne dieses explizite Casting compilieren würde, allerdings würde evtl. eine Warnung ausgeworfen werden, dass die Pointer-Typen der rechten und der linken Seite der Zuweisung nicht gleich seien. Und wir wollen als gute Software-Entwickler möglichst Code schreiben, der zu keinerlei Warnung Anlass gibt.

Nun kann eine Anforderung nach dynamisch bereitgestelltem Speicherplatz naturgemäß auch scheitern: wird mehr Speicher angefordert, als in zusammenhängender Form derzeit verfügbar ist, so liefert die Funktion `malloc()` den Wert NULL zurück, also eine ungültige Adresse. Bei einer sauberen Programmierung muss also dieser Fall abgefragt werden.

```c
int * pint;
pint = (int *)malloc( 2000 * sizeof(char) );
//1//
if (pint == NULL)
{
    /* Hier irgendeine Form von Fehlerbehandlung */
    printf("Leider konnte kein Speicherplatz bereitgestellt "
           "werden!\n");
}
else /* alles in Ordnung... */
{
    /* Hier die weitere „ordnungsgemaesse" Abarbeitung */
    int i;


//2//
    for (i=0; i<2000; i++)
    {
//3//
        pint[i] = 0;
    }
```

```
   /* Abschliessend sollte der Speicher natuerlich auch wieder
      frei gegeben werden */
//4//
   free(pint);

//5//
   pint = NULL;
}
```

Sollte die Funktion `malloc()` also den Wert NULL zurückliefern (siehe Zeile //1//), so muss eine ordentliche Fehlerbehandlung implementiert sein. War die Allokation des Speichers – hier der 2000 int-Speicherplätze – erfolgreich, so kann (vgl. //2//) mit dem (dynamischen) Array der int-Werte wie gewohnt gearbeitet werden. Hier wird exemplarisch eine Wertzuweisung demonstriert. In Zeile //3// wird die recht bequeme Array-Notation verwendet; technisch ist diese absolut gleichwertig zu der an den Pointern orientierten Schreibweise mit dem *-Operator. Zeile //3// ist also in folgenden beiden Varianten möglich.

```
/* Variante 1 mit Array-Notation */
      pint[i] = 0;

/* Variante 2 in Pointer-Notation */
      *(pint+i) = 0;
/* Ausgehend von der Adresse in pint wird i Schritte der Groesse
   sizeof(int) weitergegangen; dort wird (ueber den *-Operator)
   dann der Inhalt des Speicherplatzes angesprochen.
*/
```

Wird im späteren Verlauf eines Programms der dynamisch angeforderte Speicher dann nicht mehr benötigt, dann sollte er mit der Funktion `free()` wieder freigegeben werden (vgl. Zeile //4//). Diese Funktion gibt den unter der genannten Adresse zuvor bereitgestellten Speicherplatz wieder frei. Allerdings kann – wegen des call by value-Prinzips – diese Funktion leider den Pointer nicht wieder auf NULL zurücksetzen. Dies müssen wir somit manuell erledigen (siehe Zeile //5//), denn es kann generell sein, dass wir mit der Pointer-Variablen noch einmal arbeiten wollen. Dann muss hier ein abfragbarer Wert vorliegen, damit entschieden werden kann, ob bzw. dass erneut dynamisch Speicher allokiert werden muss.

8.3.5   Pointer auf Strukturen

Pointer können auf alle möglichen Datentypen verweisen, also auch auf Strukturen. Deklariert man einen Pointer auf eine Struktur, wie im nachfolgenden Code-Schnipsel gezeigt, so gestaltet sich der Zugriff auf die Komponenten innerhalb der referenzierten Struktur ein wenig kompliziert.

Es seien also die Struktur Kunde gegeben und eine Variable von diesem Typ vereinbart.

```
struct Kunde
{
    char  KdNr[11];
    char  Name[30];
    /* ... */
};


struct Kunde kunde;
```

Dann kann ein Pointer auf eine solche Struktur deklariert werden. Diesem kann die Adresse der o.g. Variablen kunde zugewiesen werden.

```
struct Kunde * pkunde;
pkunde = &kunde;
```

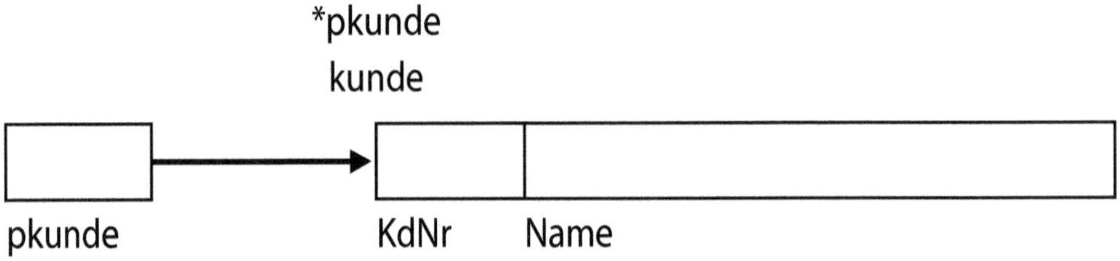

Abbildung 23: Der Pointer pkunde zeigt auf kunde

Möchte man nun mittels des Pointers auf die Kundennummer (KdNr) zugreifen, so muss man zunächst den Pointer dereferenzieren, dies geschieht mit dem *-Operator. Damit ist man anschaulich in der Struktur (kunde) angekommen. Der Zugriff auf die Komponente KdNr erfolgt mit dem Punkt-Operator. Der nachstehende Ausdruck ist jedoch fehlerhaft.

```
*pkunde.KdNr
```

Warum? – Nun, hier sind zwei Operatoren beteiligt, der *-Operator zur Pointer-Dereferenzierung und der Punkt-Operator für den Zugriff auf eine Strukturkomponente. Allerdings ist hier leider die Bindungsstärke (vgl. Kap. „Übersicht: Prioritäten und Auswertungsreihenfolge" auf S. 45) unpassend: der Punkt-Operator besitzt die höchste Priorität 15, während der Dereferenzierungsoperator auf Stufe 14 steht, also schwächer bindet. Das bedeutet, der o.g. Ausdruck ist unsichtbar geklammert wie folgt.

```
*(pkunde.KdNr)
```

Und dies macht offenbar keinen Sinn, denn pkunde ist keine Strukturvariable, sondern ein Pointer! Also muss *zuerst* dereferenziert werden, damit wir in die Struktur hineingreifen, danach kann dann mit dem Punkt-Operator eine einzelne Komponente der Struktur angesprochen werden. Richtig ist also der folgende Ausdruck, bei dem die Klammern notwendig sind!

```
(*pkunde).KdNr
```

Ein solcher Zugriff über einen Pointer auf eine Strukturvariable kommt in der Praxis sehr häufig vor, z.B. wie im nachfolgenden Programmbeispiel gezeigt als Funktionsparameter. Daher besitzt C einen weiteren Operator für eine abkürzende Schreibweise. An Stelle des obigen Ausdrucks mit den drei Bestandteilen „Stern", „Klammer" und „Punkt" kann ganz kompakt der sogenannte Pfeil-Operator (geschrieben als ->) verwendet werden.

```
pkunde->KdNr
```

Damit wird „in einem Zug" der Adresse, die im Pointer pkunde gespeichert ist, gefolgt und direkt auf die Komponente KdNr innerhalb der Struktur zugegriffen.

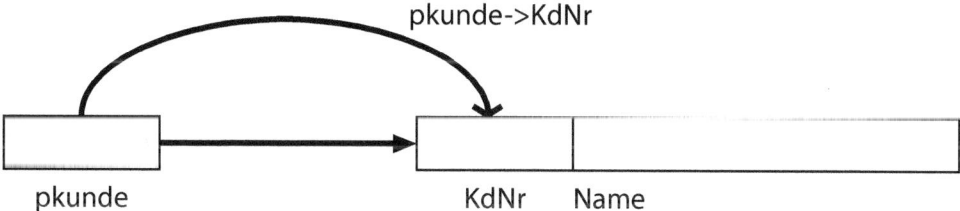

Abbildung 24: Illustration des Pfeil-Operators

Das nachfolgende kleine Beispielprogramm illustriert die Verwendung des Pfeil-Operators.

```
/* kunde.c - Kleines Beispiel zu Pointer auf Strukturen u. d.
Pfeil-Operator „->" */

#include <stdio.h>
#include <stdlib.h>

#define LAENGE 80

struct Kunde
{
   char   KdNr[10+1];      /* max. 10-stellige Kundennummer        */
   char   Name[LAENGE];    /* Nachname des Kunden oder Firmenname */
   char   Vorname[LAENGE]; /* Bei natuerlichen Personen der
                              Vorname                            */
   float  Kto;             /* Der aktuelle Kontostand des Kunden */
};

void Ausgabe(struct Kunde);
void Eingabe(struct Kunde * );
int main()
{
   struct Kunde kunde;
```

```
    Eingabe(&kunde);
    Ausgabe(kunde);
    return EXIT_SUCCESS;
};

void Ausgabe(struct Kunde k)
{
    printf("\nKundennummer %s\nName: %s, %s\nKontostand: EUR"
            " %7.2f\n\n", k.KdNr,k.Name,k.Vorname,k.Kto);
}

void Eingabe(struct Kunde * pk)
{
    gets(pk->KdNr);
    gets(pk->Name);
    gets(pk->Vorname);
    scanf("%f",&pk->Kto);
}
```

Die Strukturdeklaration in diesem Beispiel verwendet eine Präprozessorkonstante zur Festlegung der Zeichenkettenlängen. In der Kundennummer KdNr sollen maximal zehnstellige Werte (im Sinne von Zeichenketten, die also auch Buchstaben und Sonderzeichen enthalten können) verwaltet werden. Wir erinnern uns: bei Zeichenketten müssen wir stets die abschließende '\0' berücksichtigen, hier werden also elf Byte Speicherplatz angefordert, eben zehn Byte Nutzdaten plus ein Byte für die abschließende '\0'.

Während es bei der Funktion Ausgabe() genügt, dass diese eine Kopie einer Strukturvariablen bekommt (call by value-Prinzip), muss die Eingabefunktion natürlich den Originalspeicherplatz verändern können, bekommt daher beim Aufruf eine Adresse mitgegeben. Der formale Parameter ist dementsprechend ein Pointer auf diesen Strukturtyp.

Der Leser möge dieses kleine Programm, das auch auf der Webseite zum Buch heruntergeladen werden kann, selbst testen.

8.3.6   Pointer auf Pointer und Arrays von Pointern

Pointer sind, wie wir sehen, in vielen Situationen sehr nützlich. Man kann Pointer auch „iterieren", d.h. Zeiger auf Zeiger bilden. Ebenso können Arrays von Pointern und Pointer auf Arrays gebildet werden. Doch wann wird das benötigt?

Beginnen wir mit einem einfachen Beispiel. Wollen wir ein Schachbrett modellieren, so werden wir sicherlich ein (starres) zweidimensionales Array mit acht Zeilen und acht Spalten deklarieren.

```
int schachbrett[8][8];
```

Soll indes ein beliebiges quadratisches Spielbrett dargestellt werden, bei dem die Größe erst zur Laufzeit durch den Anwender festgelegt werden soll, dann geht dies mit einem solchen Array nicht mehr. Hier benötigen wir dann eine „zweidimensionale Dynamik", also einen Pointer auf Pointer. Im nachstehenden Programmausschnitt verzichten wir der besseren Lesbarkeit zuliebe ausnahmsweise auf die Überprüfung, ob die `malloc()`-Aufrufe erfolgreich sind.

```
int ** spielbrett;
int groesse, i;

scanf("%d",&groesse); /* Eingabe durch den Anwender zur Laufzeit
                         */

/* Wir fordern zunaechst „groesse" Stueck Pointer fuer die Zeilen
   an */
//1//
spielbrett = (int **)malloc(groesse * sizeof(int *));

/* Anschliessend fuer jede Zeile die gewuenschte Anzahl einzelner
   Elemente */
for (i=0; i<groesse; i++)
{
//2//
   spielbrett[i] = (int*)malloc(groesse * sizeof(int));
}
```

Wir gehen also zweistufig vor. Nehmen wir an, der Anwender gibt für `groesse` den Wert 10 ein. Es soll also ein 10x10-Spielfeld dargestellt werden. In Zeile //1// werden zunächst zehn Pointer bereitgestellt. Diese repräsentieren anschaulich die Zeilen des Spielfeldes. Für jede Zeile werden dann zehn int-Speicherplätze allokiert, die Startadresse dieser Speicherbereiche werden über die zuvor bereitgestellten Pointer verwaltet.

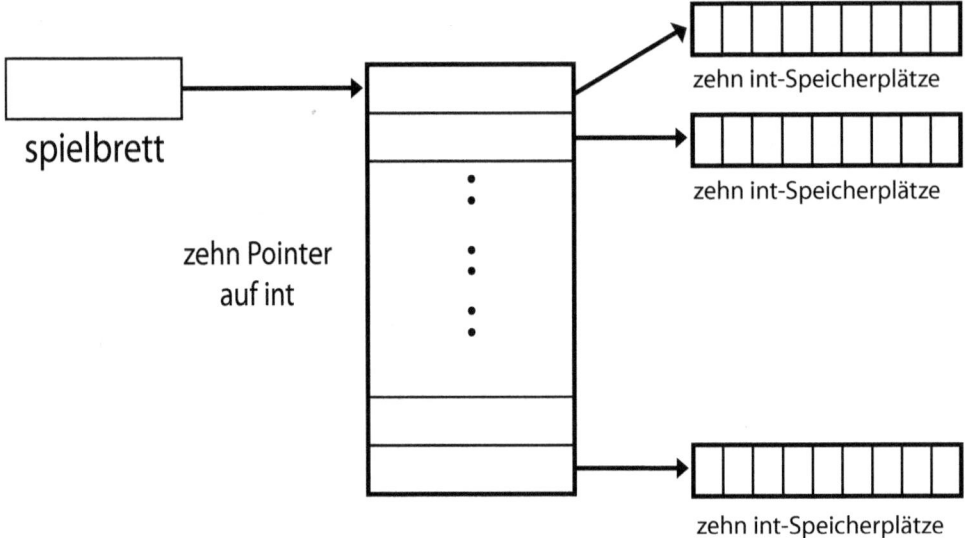

Abbildung 25: Illustration der Spielbrett-Situation

Die spätere Freigabe des hier angeforderten Speichers geschieht ebenfalls zweistufig: zunächst werden die zuletzt angeforderten Elemente freigegeben (vgl. Zeile //2//), danach die zuerst allokierten Pointer (vgl. Zeile //1//).

```
for (i=0; i<groesse; i++)
{
    free(spielbrett[i]);
}
free(spielbrett);
```

Ähnlich wie in diesem Spielbrett-Szenario gibt es eine Reihe weiterer Situationen, in denen ein Programm flexible Strukturen verwalten muss. So kann ein Computer-Bildschirm mit beispielsweise 25 Zeilen und in jeder Zeile 80 Zeichen mit einem starren zweidimensionalen Array modelliert werden.

```
char  bildschirm[25][80];
```

Kann es jedoch sein, dass die Breite einer Bildschirmzeile variabel sein kann und erst zur Laufzeit des Programms ermittelt werden kann, dann müsste auch unsere Datenmodellierung flexibler werden. In diesem Fall müssten wir die zweite Array-Dimension (80) durch die Dynamik von Pointern ersetzen.

```
char  * bs[25];
```

Hier wird ein Array von 25 Pointern deklariert (und definiert), wie zuvor im Spielbrett-Beispiel muss nun für jede Zeile die gewünschte Anzahl an Zeichen („pro Zeile") dynamisch allokiert werden.

```
int gewuenschte_anzahl_zeichen_pro_zeile = 128; /* nur als
                                           Beispiel...*/
int i;
for (i=0; i<25; i++)
{
   bs[i] = (char *)malloc( gewuenschte_anzahl_zeichen_pro_zeile *
                           sizeof(char) );
}
```

Syntaktisch ist die o.g. Deklaration für bs in Ordnung, denn die eckigen Klammern binden stärker als der Stern-Operator, d.h. es handelt sich hier in der Tat um ein Array von Pointern (und nicht einen Pointer auf ein Array). Allerdings darf man selbstverständlich zur besseren Lesbarkeit immer auch freiwillig weitere Klammern setzen, wenn man dies möchte. Die folgenden beiden Deklarationen sind somit äquivalent.

```
char   * bs[25];
char   ^ (bs[25]);
```

Der nächste Schritt ist naheliegend: selbstverständlich kann es nun auch sein, dass unser Programm mit komplett dynamischen Bildschirmdimensionen umgehen muss, d.h. Breite und Höhe stehen erst zur Laufzeit fest, Zeilen- und Spaltenanzahl können nicht „hart codiert" im Programm verankert werden.

Damit sind wir fast wieder beim obigen Spielbrett-Beispiel angekommen. Der Bildschirm wäre zu modellieren durch einen zweistufigen Pointer, also einen Pointer auf einen Pointer.

```
char   **bschirm;
```

Nehmen wir an, die Breite und Höhe des Bildschirms (in Anzahl Zeichen) werde in zwei entsprechenden Variablen verwaltet.

```
int breite, hoehe;
```

Dann wird der Bildschirm über die Variable bschirm wie folgt aufgebaut.

```
int i;

bschirm = (char **)malloc(hoehe * sizeof(char*));

for (i=0; i<hoehe; i++)
{
   bschirm[i] = (char*)malloc(breite * sizeof(char));
}
```

Im weiteren kann nun – wie eingangs im Falle der starren Array-Lösung – in gewohnter Weise auf die einzelnen Zeichen des so modellierten Bildschirms zugegriffen werden.

```
bschirm[5][3] = '?';
```

Das nachfolgende Beispielprogramm illustriert noch einmal den Umgang mit einem solchen zweistufigen Pointer. Natürlich kann auch dieses Programm zum weiteren Experimentieren von unserer Webseite heruntergeladen werden.

```c
/* pointer3.c */

#include <stdio.h>
#include <stdlib.h>
#include <string.h>

int main(void)
{
  char  **bildschirm;
  int   zeilen, spalten;
  int   i,j;

  /* Eingabe der Bildschirmdimensionen */
  scanf("%d %d",&zeilen,&spalten);

  /* Speicherplatz für die Zeilenpointer wird geholt*/
  bildschirm=(char **)malloc(zeilen*sizeof(char*));
  if (bildschirm==NULL)  /* malloc() scheiterte! */
  {
     fprintf(stderr,"\nFehler bei malloc()!\n");
     exit(EXIT_FAILURE); /* einfachste Fehlerbehandlung! */
  }

  for (i=0; i<zeilen; i++)
  {
     /* Speicherplatz für jede Zeile wird geholt */
     bildschirm[i]=(char *)malloc(spalten*sizeof(char));
     if (bildschirm[i]==NULL)  /* malloc() scheiterte! */
     {
        fprintf(stderr,"\nFehler bei malloc()!\n");
        exit(EXIT_FAILURE);
     }
     /* Sicherheitshalber eine sehr umsichtige Initialisierung */
     for (j=0;j<spalten; j++)
     {
        bildschirm[i][j]='?';
     }
     /* Kopieren eines Mustertextes in die i-te Zeile */
     /* Wir gehen hier davon aus, dass die Spaltenanzahl gross */
     /* genug ist fuer den hier verwendeten Beispieltext!      */
     strcpy(bildschirm[i],"Mustertext");
  }
```

```
/* Kontrollausgabe der Zeilen */
for (i=0; i<zeilen; i++)
{
    printf("\n%d->:%s:",i,bildschirm[i]);
}

/* Und hier wird der gesamte Bildschirm zeichenweise
   ausgegeben*/
printf("\n");
for (i=0; i<zeilen; i++)
{
    for (j=0; j<spalten-1; j++)
    {
        putchar(bildschirm[i][j]);
    }
    putchar('\n');
}
/* Der Speicherplatz wird wieder freigegeben: zuerst der
   für alle Zeilen und danach der für die Zeilenpointer */
for (i=0; i<zeilen; i++)
    free(bildschirm[i]);
free(bildschirm);

return EXIT_SUCCESS;

} /* end main */

/* end of file pointer3.c */
```

8.3.7   Kommandozeilenargumente und Umgebungsinformation

Eine weitere konkrete Anwendung von Pointer-Arrays bzw. Pointern auf Pointer sind die Kommandozeilenargumente sowie die Informationen zur Betriebssystemumgebung, auf die ein C-Programm standardmäßig zugreifen kann.

Kommandozeilenargumente: argc und argv

Kommandozeilenargumente sind Informationen, die bereits beim Aufruf eines Programms „von außen" mitgegeben werden können. Anwender kennen dies vielleicht von dem elementaren Kopierbefehl gängiger Betriebssysteme.

```
copy alt.txt neu.txt
```

Hier wird das Programm „copy" aufgerufen, mit dem die Datei alt.txt in die Datei neu.txt kopiert werden soll. Anders als bei unseren bisher formulierbaren C-Programmen muss

„copy" jedoch nicht „anhalten" um den Anwender zu fragen, welche Datei kopiert werden soll, dies wurde bereits beim Aufruf des Programms mitgegeben.

Bisher war die Deklaration der (Hauptprogramm-)Funktion `main()` stets

```
int main(void)
```

- das heißt: an `main()` wurde bisher nichts übergeben. Hier sieht C über die Deklaration

```
int main(int argc, char **argv)
```

oder, synonym dazu,

```
int main(int argc, char *argv[])
```

die Möglichkeit vor, eine Anzahl von Parametern (als Anzahl von Zeichenketten) beim Programmaufruf mitzugeben. Der Name `argc` steht dabei für den *argument counter*, den Zähler, `argv` ist das Array (oder der Zeiger) auf die `argc` vielen Zeichenketten, der sogenannte *argument vector* oder die *argument values*. Bei dem Zähler ist zu beachten, dass der Programmname selbst mitgezählt wird.

Wird das Programm `argument` aufgerufen in der Form

```
argument 1 2 3
```

so sind `argc==4` (!), `argv[0]=="argument"`, `argv[1]=="1"`, `argv[2]=="2"` und – nun erraten Sie es bereits – `argv[3]=="3"`.

Ein minimalistisches Demonstrationsbeispiel hierzu finden Sie im nächsten Unterabschnitt, wenn wir auch Sinn und Zweck eines weiteren Parameters von `main()`, `envp`, kennengelernt haben.

Umgebungsinformation: envp

In der sog. Betriebssystemumgebung eines „Prozesses", also etwas vereinfacht ausgedrückt: eines ablaufenden Programmes, werden die für die Abarbeitung relevanten Informationen verwaltet. Dazu gehört, bei welcher Anweisung der Prozess sich gerade befindet, dies umfasst ebenso die konkreten Daten, mit denen das Programm arbeitet. Ergänzend kommen weitere Informationen (sog. „Umgebungsvariablen") hinzu: beispielsweise der „Suchpfad" (`PATH`), der angibt, in welchen Verzeichnissen das Betriebssystem ein Programm sucht, wenn wir einen entsprechenden Aufruf vornehmen, oder die Angabe (`TEMP` oder `TMP`), in welchem Verzeichnis temporäre Dateien abgelegt werden sollen.

Diese Informationen über die Umgebungsvariablen können über einen dritten Parameter bei `main()` abgerufen werden. Mit der Deklaration

```
int main(int argc, char **argv, char **envp)
```

oder, wieder synonym dazu,

```
int main(int argc, char *argv[], char *envp[])
```

wird mit dem Parameter `envp` (*environment pointer*) ein Zeiger auf den Umgebungsbereich angelegt. Dies funktioniert in entsprechender Weise bei den gängigen Betriebssystemen, z:B. bei Unix, Linux und Microsoft Windows.

Die Verwendung von `envp` (und der Parameter `argc` und `argv`) soll das nachstehende kleine Beispiel illustrieren.

```
/*
   envp.c
   Kurzdemonstration: Kommandozeilenargumente inkl.
   Umgebungsbereich
*/

#include <stdio.h>

int main(int argc, char **argv, char **cnvp)
{
   int i, nr=1;
   for (i=0; i<argc; i++) /* Ausgabe aller Kommandozeilenparameter
                             */
   {
      printf("Argument[%d]=[%s]\n",i,argv[i]);
   }

   printf("\nUmgebungsbereich:\n");
   while (*envp)
   {
      printf("%2d: \"%s\"\n",nr++,*(envp++));
   }


   return EXIT_SUCCESS;

} /* end main */
```

Nachstehend noch die Ablauflistings dieses Programms – einmal unter Unix, einmal unter Microsoft DOS bzw. Windows.

Bildschirmprotokoll von envp.c unter UNIX:

Aufruf des Programms:

```
envp argument1 argument2
```

Ausgabe des Programms:

```
Argument[0]=[envp]
Argument[1]=[argument1]
Argument[2]=[argument2]
```

```
Umgebungsbereich:
  1: "_=./envp"
  2: "HOME=/users/pbc"
  3: "PATH=/bin:/usr/bin:/usr/contrib/bin:/usr/local/bin:/users/
     pbc/bin:."
  4: "HOSTNAME=pbcterm2.clabs.fhdw.de"
  5: "TMP=/tmp"
```

Der Leser erkennt hier einige Informationen aus dem Umgebungsbereich unter Unix. Hier stehen Angaben darüber, wie das aktuelle Kommando heißt (siehe unter Punkt 1 im o.g. Listing), wo das Arbeitsverzeichnis des Benutzers liegt (siehe 2), wie der bereits erwähnte Suchpfad (PATH unter 3) aussieht, welche Kennung der Rechner besitzt (4) sowie das Verzeichnis, in dem die temporären Dateien abgelegt werden (5). Für Unix-Kenner: diese Programmausgabe ist hier natürlich nur gekürzt wiedergegeben.

Das entsprechende Bildschirmprotokoll des Programms envp.c unter Microsoft DOS / Windows bei gleichem Aufruf wie zuvor:

```
Argument[0]=[R:\C\BEISPIELE\ENVP.EXE]
Argument[1]=[argument1]
Argument[2]=[argument2]

Umgebungsbereich:
  1: "TEMP=c:\tmp"
  2: "TMP=c:\tmp"
  3: "LOGNAME=BAEUMLE-COURTH"
  4: "PATH=e:\home\bin;c:\dos;c:\win2k;c:\util;s:\sys;s:\tools"
```

8.4   Rekursion und rekursive Datenstrukturen

Unter *Rekursion* versteht man den Aufruf einer Funktion aus eben dieser Funktion selbst heraus. Man verwendet den Begriff Rekursion auch bei Datenstrukturen; dies meint dann, dass eine Datentypbeschreibung sich selbst zur weiteren Erläuterung heranzieht. Ein recht einfaches Beispiel hierfür wäre ein „Zug": ein „Zug" kann entweder nur aus einer Lokomotive bestehen, oder er besteht seinerseits aus einem Zug und einem darangekoppelten Wagen. Via Rekursion können nun Züge mit einer Lokomotive und beliebig endlich vielen Wagen gebildet werden.

Wie in zahlreichen anderen Programmiersprachen – etwa Java, Pascal oder Modula – ist Rekursion auch in ANSI-C möglich, gleichermaßen direkte Rekursion wie indirekte. In den folgenden Abschnitten sollen mit zunehmendem Schwierigkeitsgrad einige Beispiele für Rekursion und deren Umsetzung in C vorgestellt werden.

8.4.1 Rekursion

Das Grundprinzip der direkten Rekursion: eine Funktion f() ruft sich selbst auf, sofern nicht eine Abbruchbedingung (Rekursionsabbruch) erfüllt ist.

Zur einfachen, direkten Rekursion sei das klassische Beispiel der Berechnung der mathematischen Fakultätsfunktion angeführt: zu einer Zahl n soll n!, das Produkt aller natürlichen Zahlen von 1 bis n, berechnet werden. Die rekursive Formulierung lautet n! = n * (n-1)!, d.h. zur Berechnung von n! kann somit die Fakultät von n-1 verwendet werden.

Nachfolgend zeigen wir hierzu ein kleines Programmlisting.

```
/* fakultaet.c */

#include <stdio.h>

long fakultaet(long); /* Prototyp der Funktion fakultaet */

int main(void)
{
   long n=3; /* long ist ein Ganzzahldatentyp wie int - nur mit
              i.d.R. mehr Speicherplatz */
   printf("\nDie Fakultät von %ld ist %ld.\n",n,fakultaet(n));

   return EXIT_SUCCESS;

} /* end main */

long fakultaet(long n)
{
   if (n>1)
   {
      return n*fakultaet(n-1);
   }
   return 1;
} /* end fakultaet */
```

Die Rekursion steckt in der Funktion fakultaet(). Wird etwa fakultaet(3) aufgerufen, also die Fakultät zur Zahl 3 berechnet, so wird die Funktion mit n=3 ein erstes Mal gestartet. Die Abfrage if (n>1) trifft zu, also wird der Wert n*fakultaet(n-1), hier also 3*fakultaet(3-1), zurückgegeben. Um diesen Wert komplett zu berechnen, muss also nun zunächst die Funktion fakultaet() noch einmal aufgerufen werden – dieses Mal mit dem Parameter n=2. Entsprechend trifft bei diesem Aufruf wieder die Prüfung if (n>1) zu, d.h. es wird der Ausdruck 2*fakultaet(2-1) zurückgegeben. Wieder ist also zunächst ein Funktionsaufruf – hier fakultaet(1) – durchzuführen. Da bei diesem Durchgang die Abfrage if (n>1) nun nicht mehr zutrifft, wird jetzt `fakultaet()` kein weiteres Mal aufgerufen, wir gelangen zum abschließenden `return` 1 im oben gezeigten Code.

Sodann wird die Ergebniskette zurückverfolgt. Der letzte Aufruf war der Ausdruck `2*fakultaet(2-1)`. Der Funktionsaufruf ergab den Wert 1, also wird dieser Ausdruck zu `2*1 = 2` ausgewertet. Dieser wiederum war das Resultat des vorherigen Aufrufes `fakultaet(3-1)`, so dass dort der Ausdruck `3*fakultaet(3-1)` zu `3*2 = 6` ausgewertet wird. Damit endet die rekursive Kette und wir erhalten als Endergebnis die 6.

Der Leser bemerkt sicherlich schnell, dass Rekursion einerseits ein elegantes Mittel zur Beschreibung einer Problemlösung sein kann, dass auf der anderen Seite aber die Komplexität hierbei rasch zunimmt.

Indirekte Rekursion

Ein direkter rekursiver Funktionsaufruf liegt vor, wenn innerhalb der Funktion `f()` eben diese Funktion `f()` wieder aufgerufen wird. Indirekt nennt man die Rekursion, wenn aus der Funktion `f()` heraus eine Funktion `g()` aufgerufen wird, die ihrerseits (direkt oder wiederum indirekt) `f()` aufruft. Selbstverständlich können dabei also auch mehr als zwei Funktionen in der beschriebenen Aufrufkette beteiligt sein.

Zur Abrundung findet der Leser bei den Übungen zu diesem Kapitel ein kleines mathematisches Beispiel für eine indirekte Rekursion.

8.4.2   Lineare Listen

Wollen wir ein C-Programm schreiben, mit dem wir beispielsweise Kundendaten verwalten wollen, dann beginnen wir damit, einen geeigneten Struktur-Typ festzulegen. Da wir dann vermutlich nicht mit einem einzelnen Kunden arbeiten wollen, sondern mit „vielen", müssen wir Speicherplatz für „viele" Kunden bereitstellen.

Dies geht prinzipiell mit einem Array.

```
struct Kunde
{
    /* ... */
};


struct Kunde kundendaten[500];
```

Allerdings muss nicht von vorne herein klar sein, welche Anzahl Kunden hier faktisch auftreten werden. Dies haben wir bereits im Abschnitt 8.3.4 Dynamische Speicherallokation diskutiert, dort haben wir mittels `malloc()` bereits die Möglichkeit des dynamischen Bereitstellens von Speicherplatz genutzt.

```
struct Kunde * pkundendaten;
pkundendaten = (struct Kunde *)malloc( 50000 * sizeof(struct
Kunde) );
```

Wenn sich jedoch im laufenden Betrieb die Anforderungen an die Anzahl der Kunden ändern, dann kann es sein, dass sich auch die o.g. (halb-)dynamische Variante als unpraktisch erweist. Einerseits kann es sein, dass wir viel zu viel Speicherplatz allokiert haben und diesen überhaupt nicht benötigen; umgekehrt kann es aber auch sein, dass immer noch weitere Kunden hinzukommen und die einmal bereitgestellte Speichermenge nicht ausreicht.

In einer solchen Situation empfiehlt es sich, eine andere Datenstruktur zu verwenden. Eine, bei der schrittweise weiterer Speicher hinzugenommen werden kann. Und ebenso wieder freigegeben, falls er nicht mehr benötigt wird.

Eine lineare Liste ist eine (dynamische) Datenstruktur, die, über Zeiger verknüpft, beliebig (endlich) viele Werte (eines gewissen Typs) z.B. geordnet verwalten kann. Es beginnt mit einem Start-, Anfangs- oder Kopfzeiger, den wir einfach `liste` nennen können. Ist die Liste leer, so wird dieser Zeiger auf `NULL` gesetzt. Sobald ein erster Kunde, allgemein: Datensatz, abgespeichert werden soll, wird dafür dynamisch Speicherplatz allokiert und an den Kopfzeiger gehängt. Der hinzugekommene Speicherbereich enthält seinerseits wieder einen Zeiger, der später einmal auf das nächste Element verweisen soll. Solange es dieses noch nicht gibt, wird er wiederum auf `NULL` gesetzt.

In konkretem C-Code sieht dies wie folgt aus.

```
struct Kunde
{
   /* ... */
};
struct Knoten           /* Knoten einer linearen Liste von Kunden */
{
   struct Kunde  element;
   struct Knoten * next;
};
struct Knoten * liste;   /* Einstieg in die lineare Liste von
                            Kunden */

liste = NULL;            /* Die Liste ist zu Beginn leer    */
```

Wir haben neben unserer ursprünglichen Struktur Kunde eine sogenannte Knotenstruktur. Ein Knoten in der linearen Liste besteht aus den Nutzdaten, hier den Informationen zu einem Kunden, sowie einem Pointer, der auf den nachfolgenden Knoten zeigt. Es handelt sich hier, wie man an der Beschreibung merkt, um eine rekursive Datenstruktur. Wie immer bei Rekursion, muss es auch hier ein konkretes Ende geben: dieses erreichen wir beim „letzten" Knoten der Liste, hier zeigt der `next`-Pointer auf `NULL`:

Wollen wir in die anfangs leere Liste einen ersten Kunden eintragen, so muss zunächst Speicherplatz angefordert werden.

```
liste = (struct Knoten *)malloc( 1 * sizeof(struct Knoten) );
if (liste == NULL)
{
    /* Fehlerbehandlung, denn das Allokieren ist gescheitert! */
}
```

Hat die Speicheranforderung geklappt, so kommen nun die Nutzdaten in den ersten Knoten. Mit `liste->element` wird die Komponente vom Typ struct Kunde angesprochen. Der Zeiger `next` muss dann noch auf NULL gesetzt werden, damit das Ende der Liste sauber ermittelt werden kann.

```
liste->next = NULL;
```

Auf diese Weise geht es nun beliebig weiter, die Liste von Kunden kann sukzessive erweitert werden.

In der nachstehenden Abbildung wird der Einfachheit halber nicht mit einer Liste von Kundendaten, sondern mit einer Liste von ganzen Zahlen, int-Werten, gearbeitet.

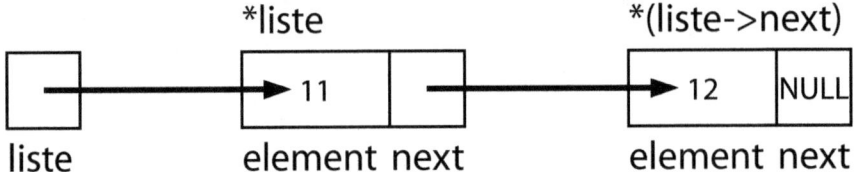

Abbildung 26: Skizze einer Linearen Liste

Wird in eine solche, aufsteigend geordnete, lineare Liste (von int-Werten beispielsweise) ein neuer Wert aufgenommen, so muss dafür – wie bereits erwähnt – ein neuer Speicherplatz bereitgestellt und der entsprechende Eintrag an die passende Stelle der bisherigen Liste eingefügt werden; ist der neue Wert der größte, so muss der neue Speicherplatz an das Ende der Liste angehängt werden. Ist die Liste (noch) leer, so bildet dieser Wert zusammen mit dem entsprechenden Zeiger schon die komplette lineare Liste.

Das folgende Programm linliste.c zeigt beispielhaft, wie auf der Kommandozeile eine Reihe von int-Werten mitgegeben werden, die zugehörige sortierte lineare Liste aufgebaut und dann wieder ausgegeben wird.

Einige Anmerkungen zu diesem Programm vorweg.

– Die Datenstruktur struct Knoten bzw. KNOTEN beinhaltet der Einfachheit halber nur die zwei Komponenten `element` (int) und `next` (KNOTEN*), also einen Zeiger auf den nächsten Knoten, das nächste Listenelement. Dieser hat den Wert NULL, wenn kein Nachfolger in der Liste existiert, dies also der letzte Eintrag in der Liste ist.

- Wie für gute Programme üblich: wird `linliste` ohne die korrekte Anzahl Parameter, hier also ohne Parameter, aufgerufen, so wird eine kurze Erläuterung ausgegeben, wie das Programm korrekt aufgerufen werden muss.

- Das überaus schöne Konstrukt `while(*(++argv))` testet, ob `*argv!=NULL` ist, d.h. ob noch weitere Parameter im Argumentenvektor `argv` vorhanden sind; `++argv` bewirkt, dass dieser Zeiger vor jedem Schleifendurchlauf weitergesetzt wird. Hier muss der Präfixoperator `++` genommen werden, damit nicht `argv[0]` (der Programmname selbst) mit verarbeitet wird. (Vgl. hierzu 4.1.6 Inkrementoperatoren).

- `atoi()` ist eine Konvertierungsfunktion der Standardbibliothek: atoi steht für „ascii-to-int" und wandelt eine Zeichenkette um in einen int-Wert. (Dazu verwandte Funktion sind atof(), atod() usw.)

```c
/* linliste.c */

#include <stdio.h>
#include <stdlib.h>

/* Struktur und deren Typ deklarieren                 */
/* Der Name KNOTEN steht dann synonym für struct Knoten */

typedef struct Knoten
{
    int         element;
    struct Knoten  *next;
} KNOTEN;

/* Eine Liste ist technisch nichts anderes als der Startpointer.
   Im Fall der leeren Liste zeigt dieser auf NULL, sonst auf das
   erste Element, den ersten Knoten der Liste.
*/

typedef KNOTEN * LISTE;

/* Prototypen */
void Einfuegen(LISTE *,int);
void Ausgeben(LISTE);

/* Hauptprogramm */
int main(int argc, char **argv)
{
    LISTE liste;  /* Eine liste ist also ein Pointer auf KNOTEN */
    liste=NULL;
```

```
     /* Falls keine Parameter angegeben: kurze Erläuterung geben */
    if (argc==1)
    {
        fprintf(stderr,"\nAufruf: linliste intwert "
            "[ intwert ... ]\n");
        return EXIT_FAILURE;
    } /* end argc==1, d.h. keine Parameter */


    /* Die Werte werden in die lineare Liste eingefügt */
    while (*(++argv))
    {
        Einfuegen(&liste,atoi(*argv));
    }

    /* Die lineare Liste wird zur Kontrolle ausgegeben */
        Ausgeben(liste);

    /* An das Betriebssystem zurückgeben: alles ok! */
    return EXIT_SUCCESS;
} /* end main */

/* Einfuegen von wert an passender Stelle (aufsteigend sortiert)
*/
void Einfuegen(LISTE *pliste,int wert)
{
  if (*pliste==NULL)
  {
      *pliste = (LISTE*)malloc(sizeof(LISTE));
if (*pliste == NULL)
      {
         /* Hier findet eine Ausgabe auf den Fehlerkanal statt²². */
         fprintf(stderr,"\nmalloc()-Aufruf schlug fehl!\n");
         exit(EXIT_FAILURE);
      } /* end if malloc() schlug fehl */

      (*pliste)->element=wert;
      (*pliste)->next=NULL;
  } /* end if *pliste==NULL */
  else if (wert < (*pliste)->element)  /* hier einfügen */
  {
```

---

²² Für eine kurze Erläuterung zur Funktion `fprintf()` und den Fehlerkanal sei auf 5.6 Ergänzende Anmerkungen zur Ein- und Ausgabe verwiesen.

```
        LISTE *ptr2;
        int    tmp;
        ptr2=(LISTE*)malloc(sizeof(LISTE));
        if (ptr2 == NULL)
        {
            fprintf(stderr,"\nmalloc()-Aufruf schlug fehl!\n");
            exit(EXIT_FAILURE);
        } /* end if malloc() schlug fehl */
        /* Auf dem neuen Platz wird der alte Listeneintrag          */
        /* gespeichert - und dort wird der neue Wert eingetragen   */
        tmp=(*pliste)->element;
        (*pliste)->element=wert;
        ptr2->element=tmp;
        /* Nun wird der neue Wert an der aktuellen Position einge-*/
        /* schoben, der Rest der Liste nach hinten gehängt.         */
        ptr2->next=(*pliste)->next;
        (*pliste)->next=ptr2;
    } /* Position zum Einfügen gefunden */
    else
    {
        Einfuegen(&((*pliste)->next),wert);
    } /* rekursiver Zweig - weiter hinten anhängen oder einfügen*/
} /* end Einfuegen */

/* Einfache Ausgabe der linearen Liste */
void Ausgeben(LISTE liste)
{
    if (liste==NULL)
        printf(" (Ende der Liste)\n");
    else
    {
        printf("%d ",liste->element);
        Ausgeben(liste->next);
    }
} /* end Ausgeben */
/* Ende der Datei linliste.c */
```

Aufruf des Programms:

```
    linliste  3 7 1 6 4 2 5 8 9 10
```

Ausgabe des Programms:

```
    1 2 3 4 5 6 7 8 9 10   (Ende der Liste)
```

Wer sich weitergehend über Lineare Listen und deren Realisierung in C informieren möchte, sei auf das Buch „Mastering Algorithms with C" von Kyle Loudon (vgl. Literaturverzeichnis) hingewiesen.

8.4.3   Bäume

Wir kennen Bäume aus der Natur, sprechen aber auch von Stammbäumen – und abstrahieren damit bereits umgangssprachlich. Bei einem Familien-Stammbaum interessiert uns die Verwandtschaftsbeziehung, die so formuliert werden kann: jeder Mensch hat genau eine Mutter und genau einen Vater. Dagegen kann ein Mensch beliebig (und zum Glück endlich) viele Kinder haben. Anschaulich sieht ein Stammbaum (auszugsweise) aus wie in der folgenden Abbildung dargestellt.

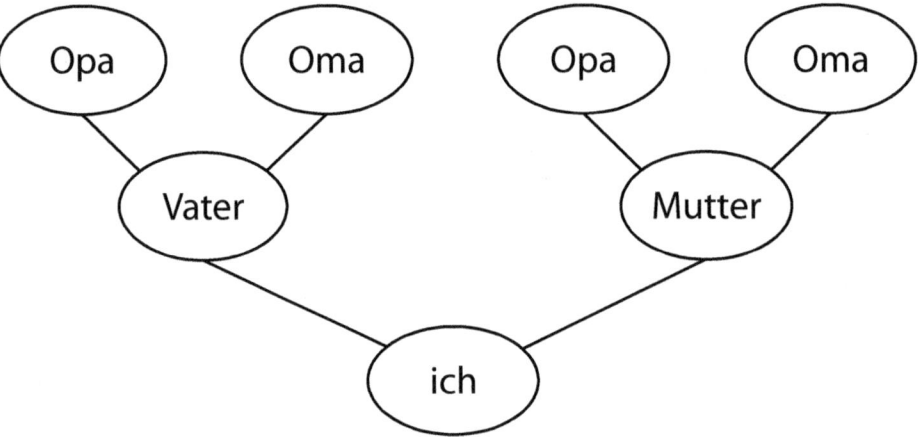

Abbildung 27: Ein Stammbaum über drei Generationen

Solche „baumartigen" Strukturen gibt es im täglichen Leben an vielen Stellen. So ist etwa das typische hierarchische Organisationsmodell eines Unternehmens eine solche Baumstruktur („jeder hat genau einen direkten Vorgesetzten").

Im Kontext der Informatik ist ein Baum eine dynamische Datenstruktur mit einzelnen Elementen (Knoten) und einer Ordnung mit Vorgänger und Nachfolger, so dass jeder Knoten (außer dem ersten, der sogenannten *Wurzel*) genau einen (direkten) Vorgänger und endliche viele Nachfolger besitzt. Ist die Anzahl der Nachfolger auf 2 beschränkt, so spricht man von einem *binären Baum*. Lineare Listen sind ein „entarteter" Spezialfall von Bäumen: hier hat jeder Knoten maximal einen Nachfolger.

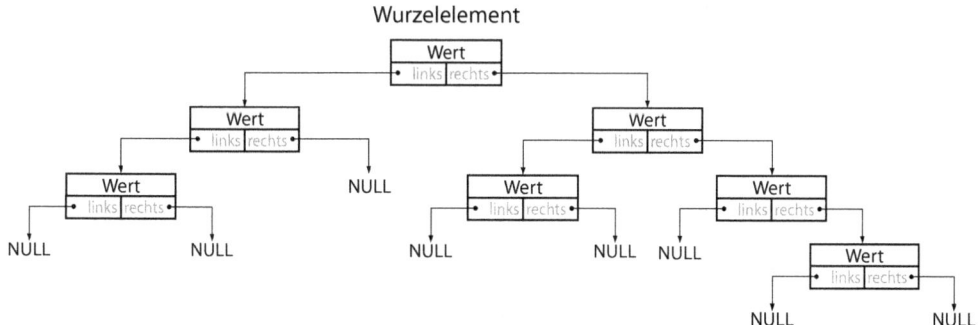

Abbildung 28: Schematische Darstellung eines Binären Baumes (binary tree)
Grafik in Anlehnung an K.Loudon, Mastering Algorithms with C, S. 181.

Bevor wir uns mit einem umfangreicheren Programm befassen, sehen wir uns die Deklaration eines binären Baumes (binary tree) an. Beispielhaft sollen auch hier wieder einfach nur ganze Zahlen in den Knoten des Baumes gespeichert werden. Die Struktur des Baumes zeigt sich in den zwei Pointern auf den linken bzw. rechten Teilbaum.

```
struct Knoten
{
    int             wert;
    struct Knoten   *links, *rechts;
};


typedef struct Knoten * BAUM;    /* Hiermit koennen wir den
                                    Typnamen BAUM verwenden */
BAUM baum;
```

Der leere Baum wird erwartungsgemäß durch den NULL-Zeiger repräsentiert.

```
baum = NULL;
```

Wenn wir einen ersten Eintrag vornehmen wollen, so müssen wir Speicherplatz für einen solchen Knoten bereitstellen.

```
baum = (BAUM)malloc( 1 * sizeof(struct Knoten) );
if (baum == NULL)
{
    /* Fehlerbehandlung, denn das Allokieren ist gescheitert! */
}
```

Nun kann dieser erste Knoten im Baum gefüllt werden.

```
baum->wert  = 100;
baum->links = NULL; /* aktuell noch kein linker Teilbaum
                       vorhanden */
```

```
baum->rechts = NULL; /* aktuell noch kein rechter Teilbaum
                         vorhanden */
```

Soll nun der Wert 50 in diesen Baum aufgenommen werden, dann kann dieser in den Teilbaum links von der 100 eingetragen werden. Auch hier müssen wir zunächst wieder Speicherplatz bereitstellen. Leser, für die Bäume (im Informatik-Sinn) etwas Neues sind, mögen sich hierzu eine anschauliche Skizze aufzeichnen.

```
baum->links = (BAUM)malloc( 1 * sizeof(struct Knoten) );
if (baum->links == NULL)
{
    /* Fehlerbehandlung, denn das Allokieren ist gescheitert! */
}
baum->links->wert   = 50;
baum->links->links  = NULL;
baum->links->rechts = NULL;
```

So kann es nun Schritt für Schritt weitergehen, der Baum kann auf diese Weise prinzipiell beliebig weit wachsen, jedenfalls solange der Arbeitsspeicher ausreicht.

Das nachstehende Programm baum1.c illustriert exemplarisch die Deklaration von und den Umgang mit binären Bäumen. Wer sich tiefergehend für die Algorithmen auf Baumstrukturen und generell Algorithmenentwicklung interessiert, sei u.a. auf das Buch von Kyle Loudon, Mastering Algorithms with C, hingewiesen (siehe Literaturverzeichnis).

–   Die Funktion InsertTree() trägt einen neuen Wert (zwischen 1 und 99) so in den Baum ein, dass dieser gemäß der sog. Inorder-Sortierung aufgebaut wird, das bedeutet, dass links unterhalb eines Knotens nur kleinere, rechts unterhalb eines jeden Knotens nur größere Werte abgespeichert werden. Vgl. hierzu das Ablauflisting zum folgenden Beispielprogramm.

–   Die Funktion DisplayTree() gibt den jeweiligen Baum mit einfacher Liniengraphik dargestellt auf den Bildschirm aus.

–   Die Funktion Deallocate() schließlich gibt den für den Baum per malloc() reservierten Speicherplatz wieder frei.

Sämtliche Funktionen sind der Natur der Sache angemessen rekursiv formuliert, denn der Datentyp BAUM ist ebenfalls eine rekursive Struktur!

```
/*
  baum.c
  Demonstration: Rekursion innerhalb eines binären Baumes.
*/

#include <stdio.h>
#include <stdlib.h>
```

```
/*** Symbolische Konstanten ***/
#define    ZEILEN      6
#define    SPALTEN    80

/*** Typendeklaration für KNOTEN, BAUM und AUSGABE ***/
typedef struct Knoten
{
    int             wert;
    struct Knoten  *links, *rechts;
} KNOTEN;

typedef KNOTEN * BAUM;
typedef char AUSGABE[ZEILEN][SPALTEN];

/*** Prototypen ***/
void Deallocate(BAUM);
void InsertBAUM(BAUM*,int);
void DisplayBAUM(BAUM,AUSGABE,int,int,int);

int main(void)
{
  BAUM     baum;
  int      wert, i, j;
  AUSGABE buffer;
  /* Initialisierungen: Bildschirm-Buffer und baum */
  baum=NULL;

  for (i=0; i<ZEILEN; i++)
  {
     for (j=0; j<SPALTEN-1; j++)
        buffer[i][j]=' ';
     buffer[i][SPALTEN-1]='\0';
  } /* end for i */

  /* Ein-/Ausgabeschleife */
  do {
     printf("\nAktueller Inhalt des Baumes: ");
     if (baum)
     {
        DisplayBAUM(baum,buffer,SPALTEN,0,SPALTEN/2);
        for (i=0; i<ZEILEN; i++)
           printf("\n%s",buffer[i]);
     }
```

```
      else
      {
         printf(" (leer) \n\n");
      } /* end if (baum) */
      printf("\nWelche ganze Zahl im Bereich 1..99 soll "
         "aufgenommen werden?\n[0=Ende]  >");
      scanf("%d",&wert);
      if (wert<=0 || wert>=100)
         break;
      InsertBAUM(&baum,wert);
   } while (wert);
   Deallocate(baum);

   return EXIT_SUCCESS;
} /* end main */

void Deallocate(BAUM baum)
{
   if (baum==NULL)        /* Ist der Baum leer? Dann Abbruch... */
      return;
   if (baum->links!=NULL) /* Ansonsten erst den linken, dann      */
      Deallocate(baum->links);
   if (baum->rechts!=NULL)/* den rechten Teilbaum löschen,        */
      Deallocate(baum->rechts);
   free(baum);            /* dann den aktuellen Knoten.           */
} /* end Deallocate */

void InsertBAUM(BAUM *pbaum, int wert)
{
   if (*pbaum==NULL)
   {
      *pbaum=(BAUM*)malloc(sizeof(BAUM));
      (*pbaum)->links=(*pbaum)->rechts=NULL;
      (*pbaum)->wert=wert;
   }
   else
   {        /* es werden nur neue Werte eingetragen!   */
      if (wert > (*pbaum)->wert)        /* rechts anhängen */
         InsertBAUM(&((*pbaum)->rechts),wert);
      else if (wert < (*pbaum)->wert)  /* links anhängen */
         InsertBAUM(&((*pbaum)->links),wert);
   } /* end if *pbaum */
} /* end InsertBAUM */
```

```
void DisplayBAUM(BAUM baum,AUSGABE buffer,
                 int orient, int zeile, int spalte)
/* Angedeutete graphische Ausgabe des Baumes; die vorliegende
 * Variante verarbeitet nur maximal zweistellige positive
 * int-Einträge und geht bei einem 80-Spalten-Bildschirm
 * höchstens bis zu einer Tiefe von 6 mit einer akzeptablen
 * Darstellung.
 */
{
  /* linken Teilbaum ausgeben */
  if (baum->links!=NULL && zeile<ZEILEN-1)
  {
    int i;
    DisplayBAUM(baum->links,buffer,spalte, zeile+1,
                spalte - abs(orient-spalte)/2 );

    /* Eine Prise Liniengraphik ... */
    for (i=spalte-abs(orient-spalte)/2; i<spalte; i++)
      buffer[zeile][i]='-';
    buffer[zeile][spalte-abs(orient-spalte)/2]='+';
  }


  /* rechten Teilbaum ausgeben */
  if (baum->rechts!=NULL && zeile<ZEILEN-1)
  {
    int i;
    DisplayBAUM(baum->rechts,buffer,spalte, zeile+1,
                spalte + abs(orient-spalte)/2 );
    /* Eine Prise Liniengraphik ... */
    for (i=spalte+abs(orient-spalte)/2; i>spalte; i--)
      buffer[zeile][i]='-';
    buffer[zeile][spalte+abs(orient-spalte)/2]='+';
  }
  /* diesen Knoten ausgeben: Ausgabe zuletzt, damit
   * die Liniengraphik ggf. überschrieben wird!
   */
  if (baum->wert > 9)
  {
      buffer[zeile][spalte-1] = (baum->wert)/10 + '0';
  }
  buffer[zeile][spalte]    = (baum->wert)%10 + '0';
} /* end DisplayBAUM */
/* end baum.c */
```

Ablauflisting:

```
Aktueller Inhalt des Baumes:   (leer)


/** Listing hier gekürzt **/


Welche ganze Zahl im Bereich 1..99 soll aufgenommen werden?
[0=Ende]   >66
Aktueller Inhalt des Baumes:
                +----------------45-----------------+
    +--------23---------+                 +--------75---------+
 12                      25               66                   78---+
                                                                     99


Welche ganze Zahl im Bereich 1..99 soll aufgenommen werden?
[0=Ende]   >77
Aktueller Inhalt des Baumes:
                +----------------45-----------------+
    +--------23---------+                 +--------75---------+
 12                      25               66               +---78---+
                                                           77        99


Welche ganze Zahl im Bereich 1..99 soll aufgenommen werden?
[0=Ende]   >0
```

8.5   Übungen

1. Für eine elementare Notenverwaltung einer 30-köpfigen Studiengruppe wird folgendes Array verwendet.
   `float noten[30];`
   Schreiben Sie je eine Funktion Einlesen() bzw. Ausgeben() zur Eingabe von 30 Noten von Tastatur bzw. Ausgabe dieser Noten auf den Bildschirm. Gültige Noten seien Werte zwischen 1,0 und 6,0. Der spezielle Wert 0 soll dazu dienen, eine nicht benötigte Komponente zu kennzeichnen.

2. Gegeben seien die folgenden Deklarationen.
   `#define ZEILEN 3`
   `#define SPALTEN 4`
   `typedef int MATRIX[ZEILEN][SPALTEN];`
   Schreiben Sie ein kleines Programm, das mit solchen 3x4-Matrizen arbeitet. Erwünscht sind konkret drei Funktionen: eine Funktion MatrixEingabe() sorgt dafür, dass eine solche 3x4-Matrix von Tastatur eingelesen werden kann, eine Funktion MatrixAusgabe() sorgt für eine ordnungsgemäße Ausgabe einer übergebenen Matrix

auf den Bildschirm, eine dritte Funktion `MatrixAddition()` schließlich addiert zwei übergebene Matrizen auf.

Ein Programmlisting (mit einem exemplarischen Hauptprogramm, das die hier beschriebenen Funktionen aufruft) könnte etwa so aussehen:

```
Bitte die erste Matrix eingeben.
Bitte die 3 x 4 Werte (zeilenweise) eingeben:
1.Zeile: 3 4 5 6
2.Zeile: 7 8 9 0
3.Zeile: 0 0 0 0

Bitte die zweite Matrix eingeben.
Bitte die 3 x 4 Werte (zeilenweise) eingeben:
1.Zeile: 4 5 6 7
2.Zeile: 1 2 3 4
3.Zeile: 8 8 8 8

Kontrollausgaben:
Matrix M1:
3 4 5 6
7 8 9 0
0 0 0 0

Matrix M2:
4 5 6 7
1 2 3 4
8 8 8 8
Ausgabe der Matrix M1+M2:
7 9 11 13
8 10 12 4
8 8 8 8
```

3. Im Beispiel structs1.c (vgl. S. 118) haben Sie eine Struktur Personal kennengelernt. Schreiben Sie hierzu eine Funktion `Ausgabe()`, die eine solche – als Parameter übergebene – Struktur auf den Bildschirm ausgibt.

4. Überlegen Sie sich einen Strukturdatentyp `struct Buch`, mit dem Sie in einfacher Form Bücher verwalten können. Das heißt: ein Buch besitzt (mindestens) einen Autoreneintrag[23], einen Titel, optional einen Untertitel, eine ISBN, ein Erscheinungsjahr und eine Auflage.

---

[23] Natürlich kann ein konkretes Buch mehr als einen Autor besitzen; wir wollen der Einfachheit halber an dieser Stelle mit einem einzigen Attribut Autor zufrieden sein, in dem ggf. mehrere Namen gespeichert werden können. Dies würde im Praxiseinsatz die Suche nach allen Büchern eines bestimmten Autors zwar erschweren, das soll hier jedoch akzeptiert werden.

Wenn Sie möchten, dann schreiben Sie ein kleines Programm, in dem Sie die Informationen zu einem solchen Buch einlesen und anschließend wieder auf die Konsole ausgeben.

Noch zwei Anmerkungen: die ISBN ist eine zehnstellige „Nummer", die allerdings auf der letzten Position außer einer Ziffer auch den Buchstaben 'X' enthalten kann. Daher muss die ISBN definitiv eine Zeichenkette bzw. ein char-Array sein. Die Auflage hingegen kann als einfache Zahl abgespeichert werden.

5. Wie sieht – aufbauend auf der vorherigen Aufgabe – ein Datentyp aus, mit dem Sie einen konkreten Buchbestand von maximal 2000 Büchern verwalten können?

6. Im Zusammenhang mit Unions wurde ein Problem angesprochen (siehe Beispiel 1 auf Seite 121). Worin besteht dieses?

7. Schreiben Sie eine Funktion `tausche()`, die die Inhalte zweier int-Speicherplätze miteinander vertauscht.

8. Schreiben Sie eine weitere Funktion `allokiereArray()`, das ein Array von int-Speicherplätzen dynamisch bereitstellt, alle Werte auf 0 setzt und die Startadresse dieses Arrays zurückliefert. Die Anzahl der zu allokierenden Speicherplätze werde der Funktion als Parameter mitgegeben.

9. Implementieren Sie unter Verwendung der Kommandozeilenparameter ein Programm addierer.c, das alle mitgegebenen (ganzen) Zahlen aufaddiert und das Ergebnis auf die Konsole ausgibt.

Ein Aufruf und Ablauf dieses Programms kann beispielsweise so aussehen:
```
> addierer 12 14 30
Ergebnis (Summe): 56
> _
```
Hinweis: hilfreich für dieses Programm ist die Funktion `atoi()` aus stdlib.h; diese konvertiert eine Zeichenkette zu der sie repräsentierenden ganzen (int-)Zahl. So liefert `atoi("123")` den int-Wert `123` zurück, mit dem dann auch gerechnet werden kann.

10. Das nachstehende Programm zeigt eine indirekte Rekursion. Beschreiben Sie die Rechenvorschrift für die Funktion `f()` mit eigenen Worten bzw. in einer mathematischen Formulierung. Für welche Argumente liefert die Funktion `f()` den Ergebniswert 1? (Erst denken, dann praktisch ausprobieren!)

```
/* indirekte-rekursion.c */

#include <stdio.h>
#include <stdlib.h>

int fgerade(int);
int fungerade(int);
int f(int);
```

```
int main(void)
{
   int i;

   for (i=1; i<=128; i++)
   {
      printf("%4d: f(%4d)=%5d\n",i,i,f(i));
   }
   return EXIT_SUCCESS;

} /* end main */


int fgerade(int n)
{
   return f(n/2);
}
int fungerade(int n)
{
   return (n*n+1)/2;
}

int f(int n)
{
   if (n<=1)
   {
      return 1;
   }
   if (n%2==0)
   {
      return fgerade(n);
   }
   else
   {
      return fungerade(n);
   }
}
```

11. Deklarieren Sie einen geeigneten Datentyp für eine Lineare Liste von Personen, wobei mit struct Person ein entsprechender Strukturdatentyp bereitzustellen ist.

12. Nachstehend sehen Sie eine Compiler-Fehlermeldung. Wodurch wird diese ausgelöst? Weshalb ist dies ein Fehler?

```
Fehler  beispiel.c   28:  Verwendung  der  Adresse  eines
Bitfeldes nicht zulässig
```

9 Dateiverarbeitung

Sollen Daten permanent – über den einzelnen Programmablauf hinaus – gespeichert werden, so verwendet man in der Praxis je nach Komplexität und Umfang der Daten entweder Dateien oder Datenbanken. Dateien (engl. *files*) werden vom Betriebssystem selbst verwaltet, für Datenbanken sind eigene Datenbankmanagementsysteme (DBMS) zuständig. Die Quelltexte, die wir für ein C-Programm schreiben, liegen in Form von Dateien auf Festplatte oder einem anderen Speichermedium vor.

In ANSI-C werden Dateien über einen Dateizeiger (File-Pointer) vom Typ FILE verwaltet, der in der Headerdatei stdio.h deklariert ist.

9.1 Vordefinierte Dateien stdin, stdout und stderr

Auch ohne in C explizit auch nur eine Datei deklariert zu haben, sind drei Dateien (bzw. File-Pointer darauf) bereits geöffnet: der Standardeingabekanal stdin (Default: Tastatur), die Standardausgabe stdout (Default: Bildschirm) und der Fehlerkanal stderr (Default: Bildschirm).

Selbstverständlich können beim Aufruf eines Programms diese Standardkanäle umgelenkt werden. Unter den Betriebssystemen Unix oder DOS/Windows kann das ausführbare Programm prog aufgerufen werden z.B. in der Form

```
prog > outfile < infile 2> errorfile
```

Damit ist dann stdin ein File-Pointer auf die Datei infile, stdout einer auf outfile und stderr ein Pointer auf die Datei errorfile.

9.2 Sequentieller Dateizugriff und I/O-Funktionen

Die sequentielle Dateiverarbeitung in C läuft nach dem folgenden Muster ab: Öffnen der Datei mit fopen(), Verarbeiten der Daten(sätze) mit verschiedenen Bibliotheksroutinen, Schließen der Datei mit fclose(). Dabei kann in zwei Modi gearbeitet werden: als Textdatei (bei den meisten Compilern der Default) oder als Binärdatei. Der Unterschied ist der, dass bei Binärdateien keinerlei Konvertierungen beim Lesen aus oder Schreiben in Dateien stattfinden, während bei Textdateien betriebssystemspezifische Umwandlungen erfolgen können. So ist unter MS-DOS/Windows das Zeilenende als "\r\n" (Carriage Return und Line Feed) definiert, während es in C (und unter Unix) nur "\n" (Line Feed) ist. Hier wird beim Arbeiten im Textmodus automatisch eine Umwandlung vorgenommen.

Die Prototypen der hier vorgestellten Funktion befinden sich im Headerfile stdio.h.

Wir wollen zunächst die Grundzüge der sequentiellen Dateiarbeit skizzieren und in einem anschließenden Abschnitt einige konkrete Programmbeispiele vorstellen.

Das Ablaufschema:

1. Schritt: Öffnen der Datei mit `fopen()`

2. Schritt: Verarbeiten der Datensätze, das heißt:

  a) zeichenweise Ein-/Ausgabe (`fgetc()`, `fputc()`)

  b) zeilenweise Ein-/Ausgabe (`fgets()`, `fputs()`) (Textfiles)

  c) formatierte Ein-/Ausgabe (`fscanf()`, `fprintf()`)

  d) blockweise Ein-/Ausgabe (`fread()`, `fwrite()`)

3.Schritt: Schließen der Datei mit `fclose()` [mittelbar auch bei `exit()`]

Wir wollen dies im folgenden schrittweise ausformulieren.

9.2.1   Öffnen der Datei

Das Öffnen einer Datei geschieht mit der Funktion `fopen()`.

Der Prototyp sieht aus wie folgt:

```
FILE * fopen(const char * filename, const char * mode);
```

Aktion: `fopen()` versucht die Datei filename zu öffnen in dem unter mode beschriebenen Modus.

Dabei kann mode folgendes sein:

  `"r"` („read") für lesenden Zugriff auf eine existente Datei,

  `"w"` („write") für schreibenden Zugriff (destruktives Schreiben),

  `"a"` („append") für anhängenden Schreibzugriff auf eine beliebige Datei;

Dahinter kann (optional) mit einem `"t"` oder `"b"` explizit gesagt werden, ob im Text- oder Binärmodus gearbeitet werden soll. Dahinter wiederum kann mit einem `"+"` angegeben werden, dass lesend und schreibend zugegriffen werden soll!

`"w+"` bedeutet, dass lesend und schreibend auf eine eventuell schon existente Datei zugegriffen werden soll, wobei allerdings die Dateilänge zuerst auf 0 gesetzt wird, d.h. es handelt sich wiederum um ein destruktives Schreiben.

"a+" schließlich öffnet die Datei so, dass an das Ende der evtl. bereits existenten Datei geschrieben wird.

Rückgabe: fopen() liefert einen FILE-Pointer zurück oder NULL, falls der Zugriff scheitert.

Beispiel:

```
if ((fp=fopen("beispiel","wb"))==NULL)
{
    fprintf(stderr,"Fehler beim Öffnen der Datei\n");
    exit(EXIT_FAILURE);
} /* Öffnen der Datei beispiel zum binären Schreiben */
```

9.2.2 Verarbeiten der Daten

Wie eingangs beschrieben, kann die Verarbeitung der Daten in verschiedenen „Portionen" erfolgen von einzelnen Zeichen bis hin zu ganzen Blöcken, die mehrere Megabyte umfassen können.

Zeichenweise Ein-/Ausgabe

Die zeichenweise Ein- und Ausgabe wird mit den Funktionen fgetc() und fputc() („hole Zeichen", „schreibe Zeichen") durchgeführt.

Der Prototyp für das Lesen:

```
int fgetc(FILE *fp);
```

Aktion: fgetc() holt das nächste Zeichen aus der Datei fp.

Rückgabe: Die Funktion liefert den ASCII-Wert des aktuellen Zeichens aus der korrekt geöffneten Datei mit dem FILE-Pointer fp zurück oder EOF im Fehlerfalle oder am Ende der Datei.

Das Gegenstück zum Schreiben eines Zeichens hat den Prototyp:

```
int fputc(int c, FILE *fp);
```

Aktion: Das Zeichen c wird von fputc() in die Datei mit dem FILE-Pointer fp geschrieben.

Rückgabe: Das Zeichen c wird (im Sinne des numerischen Wertes) zurückgeliefert, EOF im Fehlerfalle.

Zeilenweise Ein-/Ausgabe bei Textdateien

Komplette Zeilen einer Textdatei können mit fgets() bzw. fputs() gelesen bzw. geschriebn werden. Das 's' steht hierbei für „String", also Zeichenketten.

Prototyp:

```
char *fgets(char *s, int length, FILE *fp);
```

Aktion: Es wird bis EOF, bis '\n' oder zum Erreichen der angegebenen Länge length (bzw. length-1) aus der Datei fp gelesen und in den Buffer s geschrieben, der genügend Platz bereitgestellt haben muss. Sicherheitshalber sei angemerkt, dass die Sprechweise „die Datei fp" nicht ganz präzise ist. Bei fp handelt es sich nur um den File Pointer, über den die betreffende Datei innerhalb des Programms zugreifbar ist.

Rückgabe: Im Erfolgsfall wird ein Pointer auf s zurückgeliefert, im Fehlerfalle ein NULL-Pointer.

Ein kleines Beispiel:

```
char buf[128];
fgets(buffer,128,fp);
```

Prototyp:

```
int fputs(char *s, FILE *fp);
```

Aktion: Die Zeichenkette s wird in die Datei mit dem FILE-Pointer fp geschrieben. Das Stringendezeichen '\0' wird dabei nicht in die Datei übernommen.

Rückgabe: fputs() liefert die Anzahl der übertragenen Zeichen zurück, im Fehlerfalle EOF.

Beispiel:

```
fputs(buffer,fp);
```

Formatierte Ein-/Ausgabe

Prototyp:

```
int fscanf(FILE *fp, char *format, ...);
```

Aktion: Analog zu scanf(); die Daten werden lediglich statt von stdin der übergebenen Datei fp entnommen.

Rückgabe: Im Erfolgsfalle liefert fscanf() die Anzahl der ausgelesenen und abgespeicherten Parameter zurück, ansonsten EOF.

Prototyp:

```
int fprintf(FILE *fp, char *format, ...);
```

Aktion: Analog zu printf(); fprintf() schreibt jedoch in die über den FILE-Pointer fp geöffnete Datei statt nach stdout.

Rückgabe: Die Anzahl der geschriebenen Bytes oder einen negativen Wert im Fehlerfall.

Blockweise Ein- und Ausgabe

Prototyp:

```
size_t fread(void *buf, size_t size, size_t n, FILE *fp);
```

Aktion: `fread()` liest aus der Datei mit dem `FILE`-Pointer `fp` `n*size` Bytes in den übergebenen Buffer `buf` ein.

Rückgabe: Die Funktion liefert die Anzahl der erfolgreich gelesenen Einheiten (nicht Bytes) zurück oder 0 im Fehlerfalle.

Beispiel:

```
int gelesen = fread(buf,sizeof(struct Kundendaten),100,fp);
```

Prototyp:

```
size_t fwrite(void *buf, size_t size, size_t n, FILE *fp);
```

Aktion: Die Funktion `fwrite()` schreibt in die Datei mit dem FILE-Pointer `fp` `n*size` Bytes aus dem Buffer `buf`.

Rückgabe: Die Funktion liefert die Anzahl der erfolgreich geschriebenen Einheiten (nicht Bytes) zurück oder 0 im Falle eines Fehlers.

Beispiel:

```
int geschrieben = fwrite(buf,sizeof(struct Kundendaten),2000,fp);
```

9.2.3 Schließen der Datei

Auch wenn spätestens bei Programmende eine geöffnete Datei automatisch wieder geschlossen wird, so sollte man dennoch sobald als möglich eine Datei wieder freigeben. Bei manchen Systemen wird eine Datei auch exklusiv geöffnet, d.h. solange ein Programm(teil) eine Datei geöffnet hält, solange kann kein anderer auf diese Datei zugreifen. Die goldene Regel lautet hier also[24]: eine Datei sollte so früh wie möglich wieder geschlossen werden. Für die spätere Praxis: diese Regel gilt sinngemäß für den Umgang mit allen externen Ressourcen, also neben Dateien auch für Datenbank- oder Netzwerkverbindungen u.a. Das Schließen einer Datei geschieht mit der Funktion `fclose()`.

Prototyp:

```
int fclose(fp);
```

Aktion: `fclose()` schließt die Datei, auf die `fp` zeigt.

Rückgabe: 0 im Erfolgsfalle, `EOF` im Falle eines Fehlers.

---

[24] Für die spätere Praxis: diese Regel gilt sinngemäß für den Umgang mit allen externen Ressourcen, also neben Dateien auch für Datenbank- oder Netzwerkverbindungen u.a.

9.2.4   Beispiele zur sequentiellen Dateiarbeit

Die nachfolgenden Beispielprogramme files1.c und files2.c sollen die in den vorherigen Abschnitten vorgestellten Funktionen im konkreten Zusammenspiel zeigen.

```c
/* files1.c */
#include <stdio.h>
#include <stdlib.h>   /* für EXIT_SUCCESS, EXIT_FAILURE */


#define STRLEN   128


int main(void)
{
  FILE *fp;
  char line[STRLEN], filename[STRLEN]="/tmp/probedatei";

  if (fp=fopen(filename,"w"))     /* fp != NULL ? */
  {
     fprintf(fp,"Eine Zeile Text...");
     if (fclose(fp)==EOF)
     {
        fprintf(stderr,"\nFehler beim Schließen der Datei "
                      "%s!\n",filename);
        return EXIT_FAILURE;
     }
  }
  else
  {
     fprintf(stderr,"\nFehler beim Öffnen der Datei
                    %s!\n",filename);
     return EXIT_FAILURE;
  }
  return EXIT_SUCCESS;

} /* end main */
```

Die Erfahrung zeigt, dass insbesondere die beiden Funktionen fread() und fwrite() für Anfänger in C größere Schwierigkeiten bereiten. Darum hierzu ein eigenes, konkretes Beispiel.

```c
/* files2.c */
#include <stdio.h>
#include <stdlib.h>   /* für EXIT_SUCCESS, EXIT_FAILURE */


#define STRLEN   128
#define ZEILEN   4
```

```
#define SPALTEN 5

int main(void)
{
  FILE *fp;
  int  a[ZEILEN][SPALTEN], i, j, wert=1;
  char filename[STRLEN]="/tmp/probedatei";

  /* Initialisieren des Arrays a mit Kontrolldaten */
  for (i=0; i<ZEILEN; i++)
  {
     for (j=0; j<SPALTEN; j++)
     {
        a[i][j]=wert++;
     }
  }

  /* Schreiben in die Datei filename */
  if ((fp=fopen(filename,"wb"))==NULL)
  {
     fprintf(stderr,"\nFehler beim Öffnen der Datei
                  %s!\n",filename);
     return EXIT_FAILURE;
  } /* end if fopen-Fehler */
  fwrite( &a, sizeof(int), ZEILEN*SPALTEN, fp);
  if (fclose(fp)==EOF)
  {
     fprintf(stderr,"\nFehler beim Schließen der Datei
                  %s!\n",filename);
     return EXIT_FAILURE;
  } /* end if fclose-Fehler */

  /* Zur Kontrolle: Lesen der Datei */
  /* Davor: Array a mit Nullen belegen */
  for (i=0; i<ZEILEN; i++)
  {
     for (j=0; j<SPALTEN; j++)
     {
        a[i][j]=0;
     }
  }

if ((fp=fopen(filename,"rb"))==NULL)
  {
```

```
        fprintf(stderr,"\nFehler beim Lesen der Datei
                    %s!\n",filename);
        return EXIT_FAILURE;
    } /* end if fopen-Fehler */
    fread( a, sizeof(a), 1, fp);
    if (fclose(fp)==EOF)
    {
        fprintf(stderr,"\nFehler beim Schließen der Datei
                    %s!\n",filename);
        return EXIT_FAILURE;
    } /* end if fclose-Fehler */

    /* Kontrollausgabe des Dateiinhalts */
    for (i=0; i<ZEILEN; i++)
    {
        for (j=0; j<SPALTEN; j++)
        {
            printf("%4d ",a[i][j]);
        }
        printf("\n");
    }

    return EXIT_SUCCESS;

} /* end main */
```

Das Ablauflisting dieses Programms sieht erwartungsgemäß so aus:

```
  1    2    3    4    5
  6    7    8    9   10
 11   12   13   14   15
 16   17   18   19   20
```

9.3   Wahlfreier Zugriff (random access)

Neben den rein sequentiellen Routinen zum Lesen oder Schreiben einer Datei (fscanf(), fprintf()) sieht ANSI-C auch einige in stdio.h deklarierte Funktionen für den wahlfreien Zugriff (den sog. *random access*) vor.

Mit der Funktion fseek() kann der File-Pointer auf eine bestimmte Position gesetzt werden, mit rewind() wird der Dateizeiger speziell auf den Anfang der Datei gesetzt, mit ftell() kann abgefragt werden, an welcher Position sich der File-Pointer momentan befindet, mit den bereits bekannten Funktionen fread() und fwrite() können schließlich einzelne Datensätze bzw. auch gleich größere Datenmengen gelesen und geschrieben werden.

Das nachstehende Programm- und Ablauflisting files3.c soll dies etwas konkreter illustrieren.

```c
/* files3.c */

#include <stdio.h>
#include <stdlib.h>   /* für EXIT_SUCCESS, EXIT_FAILURE */
#include <string.h>

typedef struct Kunde
{
  int  kundennr;
  char nachname[30];
  char vorname[25];
} KUNDE;

int main(void)
{
  FILE   *fp;
  char   *filename="probe.txt";
  KUNDE kunde, kunde2, kunde3;

  /* Zur Demonstration: Initialisierung von kunde */
  strcpy(kunde.nachname,"$$$$$$$$$$$$$$$$$$$$$$$$$$$$$$");
  strcpy(kunde.vorname, "!!!!!!!!!!!!!!!!!!!!!!!!");
  kunde.kundennr=255;

  /* Öffnen der Datei filename zum Schreiben, ggf. Anhängen */
  fp=fopen(filename,"wb+");
  if (fp==NULL)
  {
     fprintf(stderr,"\nFehler: Datei %s kann nicht "
        "geöffnet werden!\n",filename);
     return EXIT_FAILURE;
  } /* end if fp==NULL */

  /* Schreiben von drei Datensätzen in die Datei filename */
  strcpy(kunde.nachname,"Asimov");
  strcpy(kunde.vorname,"Isaak");
  kunde.kundennr=10;
  fwrite(&kunde,sizeof(KUNDE),1,fp);
  strcpy(kunde.nachname,"Böll");
  strcpy(kunde.vorname,"Heinrich");
  kunde.kundennr=11;
  fwrite(&kunde,sizeof(KUNDE),1,fp);
```

```
strcpy(kunde.nachname,"Canetti");
strcpy(kunde.vorname,"Elias");
kunde.kundennr=12;
fwrite(&kunde,sizeof(KUNDE),1,fp);

/* "Zurückspulen" an den Anfang der Datei */
rewind(fp);
/* äquivalent zu fseek(fp,0,SEEK_SET); */

/* Lesen des ersten Datensatzes */
fread(&kunde2,sizeof(KUNDE),1,fp);
printf("Der erste Datensatz:   ");
printf("%4d: %s %s\n",
    kunde2.kundennr,kunde2.vorname,kunde2.nachname);

/* Lesen des dritten Datensatzes (ohne Fehlerbehandlung) */
fseek(fp,(3-1)*sizeof(KUNDE),SEEK_SET); /* Auf 3.Position */
fread(&kunde3,sizeof(KUNDE),1,fp);
printf("Der dritte Datensatz: ");
printf("%4d: %s %s\n",
    kunde3.kundennr,kunde3.vorname,kunde3.nachname);

/* Ändern des zweiten Datensatzes */
fseek(fp,1L*sizeof(KUNDE),SEEK_SET); /* Auf 2.Position */
fread(&kunde,sizeof(KUNDE),1,fp);
strcpy(kunde.nachname,"Blum");
strcpy(kunde.vorname,"Katharina");
fseek(fp,1L*sizeof(KUNDE),SEEK_SET); /* Auf 2.Position */
fwrite(&kunde,sizeof(KUNDE),1,fp);

/* Anhängen eines vierten Datensatzes */
fseek(fp,0,SEEK_END); /* fp an die letzte Position setzen */
strcpy(kunde.nachname,"Dürrenmatt");
strcpy(kunde.vorname,"Friedrich");
kunde.kundennr=14;
fwrite(&kunde,sizeof(KUNDE),1,fp);

/* Lesen aller Datensätze der Datei filename */
rewind(fp);                  /* „Zurückspulen" des File Pointers */
printf("\nDie Datensätze in %s sind nun:\n",filename);
do
{
    if (fread(&kunde,sizeof(KUNDE),1,fp)==1)
```

```
        printf("%2d: %s %s\n",
              kunde.kundennr,kunde.vorname,kunde.nachname);
    } while (!feof(fp));
    /* Programm beenden, return code EXIT_SUCCESS */
    fclose(fp);
    return EXIT_SUCCESS;
} /* end main */
```

Nachstehend noch das zugehörige Ablauflisting von files3.c sowie, vielleicht in technischer Hinsicht ganz interessant, ein Blick in die Datendatei probe.txt, so wie sie auf einem PC unter DOS von dem Programm angelegt wird.

Ablauflisting:

```
Der erste Datensatz:    10: Isaak Asimov
Der dritte Datensatz:   12: Elias Canetti
Die Datensätze in probe.txt sind nun:
10: Isaak Asimov
11: Katharina Blum
12: Elias Canetti
14: Friedrich Dürrenmatt
```

Inhalt der Datei probe.txt:

```
hexadezimal:                                    ASCII:
0A 00 41 73 69 6D 6F 76  00 24 24 24 24 24 24 24  ..Asimov.$$$$$$
$
24 24 24 24 24 24 24 24  24 24 24 24 24 24 24 00  $$$$$$$$$$$$$$$
$.
49 73 61 61 6B 00 21 21  21 21 21 21 21 21 21 21  Isaak.!!!!!!!!!!
21 21 21 21 21 21 21 21  00 2E 0B 00 42 6C 75     !!!!!!!!....Blum
6D
00 76 00 24 24 24 24 24  24 24 24 24 24 24 24 24  .v.$$$$$$$$$$$$
$
24 24 24 24 24 24 24 24  24 00 4B 61 74 68 61 72  $$$$$$$$$
$.Kathar
69 6E 61 00 21 21 21 21  21 21 21 21 21 21 21 21  ina.!!!!!!!!!!!!
21 21 00 2E 0C 00 43 61  6E 65 74 74 69 00 24 24  !!....Canetti.$
$
24 24 24 24 24 24 24 24  24 24 24 24 24 24 24 24  $$$$$$$$$$$$$$$$
$
24 24 24 00 45 6C 69 61  73 00 63 68 00 21 21 21  $$
$.Elias.ch.!!!
21 21 21 21 21 21 21 21  21 21 21 21 00 2E 0D     !!!!!!!!!!!!!....
00
44 81 72 72 65 6E 6D 61  74 74 00 24 24 24 24 24  Dürrenmatt.$$$$
$
```

```
24 24 24 24 24 24 24 24   24 24 24 24 24 00 46 72   $$$$$$$$$$$$
$.Fr
69 65 64 72 69 63 68 00   21 21 21 21 21 21 21 21
iedrich.!!!!!!!!
21 21 21 21 21 21 00 2E                            !!!!!!..
```

9.4   Übungen

1. Schreiben Sie eine Funktion `dateiExistiert()`, die zu einem übergebenen
   Dateinamen prüft, ob die Datei existiert (bzw. konkreter, ob sie zum Lesen geöffnet
   werden kann).

2. Schreiben Sie ein elementares Kopierprogramm kopiere.c, das eine bereits vorhandene
   Datei in eine neue Datei kopiert.
   Das nachstehende Ablauflisting illustriert eine mögliche Benutzerführung.
   ```
   ~/c> kopiere
   Quelldatei: alt.txt
   Zieldatei: neu.txt
   Kopiere alt.txt nach neu.txt ...
   Datei neu.txt liegt vor!
   ~/c> _
   ```

3. Modifizieren Sie das zuvor geschriebene Kopierprogramm dergestalt, dass die Namen der
   Quell- und der Zieldatei bereits auf der Kommandozeile mitgegeben werden.

4. Schreiben Sie ein sog. "Split"-Programm split.c, d.h. ein Programm, das (große) Dateien
   in mehrere kleine aufteilt.
   Beim Aufruf des Programms soll der Name der aufzuteilenden Datei mitgegeben werden.
   Die "Einzelteil-Dateien" können Sie beliebig (aber in sinnvoller Weise) benennen.
   Schreiben Sie eine erste Version des Programms, bei der die erzeugten "Bruchstücke"
   jeweils (maximal) 1 MB (=1048576 Bytes) groß sind.
   Modifizieren Sie anschließend Ihr Programm so, dass neben dem Dateinamen als weiterer
   Parameter die Größe der einzelnen Teile mitgegeben wird.
   Wird das Programm mit nicht genau zwei Parametern aufgerufen, so soll eine kurze
   Online-Hilfe angezeigt werden.
   Eine ausführlichere Erläuterung zu dem Programm soll mit dem Parameter `"-?"` oder
   `"/?"` gegeben werden.

10 Abschlussübung

Die nachfolgende Aufgabe ist so konstruiert, dass Inhalte aus den vorherigen Kapiteln aufgegriffen werden und somit eine abschließende Übung darstellt. Sie wiederholt und vertieft die Realisierung von Algorithmen unter Berücksichtigung des Kenntnisstandes des Lesers. Neben der Möglichkeit der freien Ausgestaltung werden Schritt für Schritt Hinweise und Denkanstöße für mögliche Lösungen gegeben. Am Ende jedes einzelnen Schritts befindet sich eine Auflistung mit den wesentlichen, bezugnehmenden Kapiteln, um die Reflexion der Inhalte zu vereinfachen.

10.1 Aufgabenstellung

Es soll ein Programm entwickelt werden, dass dem Anwender ermöglicht einen Projektplan, bestehend aus mehreren aufeinanderfolgenden Knoten, zu erstellen. Jeder Knoten soll hierbei eine eindeutige Nummer, einen Namen sowie die Dauer der Aktivität enthalten. Durch die Angabe der Dauer einer Aktivität soll die Gesamtlaufzeit des Projektes berechnet werden. Die Erstellung, Berechnung und die Änderung des Projektplans soll über eine Menüstruktur möglich sein. Ebenso soll es eine Funktion zur Speicherung des aktuellen Projektplans, sowie zum Laden einer Projektplan-Datei zur Verfügung stehen. Wird das Programm mit einem Dateinamen als Parameter aufgerufen, so soll diese Datei bzw. dieser Projektplan automatisch geöffnet werden. Der Projektplan soll in tabellarischer Form eingegeben und angezeigt werden.

Folgende Restriktionen sind für die Bearbeitung der Aufgabenstellung gültig:

- Bei dem Projektplan gibt es keine Verzweigungen bzw. parallele Vorgänge. (Unterschiede: siehe Abbildung 29 und Abbildung 30).

- Der Name eines Vorgangs enthält keine Leerzeichen.

- Die Vorgangsnummer muss für den aktuellen Projektplan eindeutig sein.

- Es gibt nur einen aktuell geöffneten Projektplan.

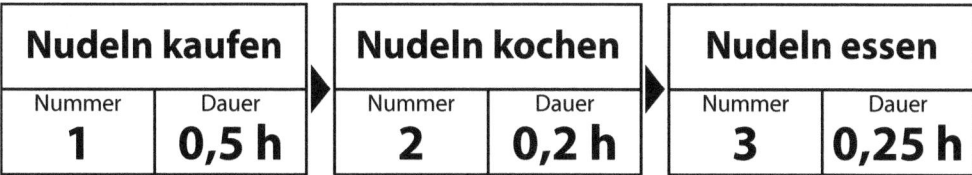

Abbildung 29: Projektplan ohne Verzweigungen bzw. parallele Abläufe

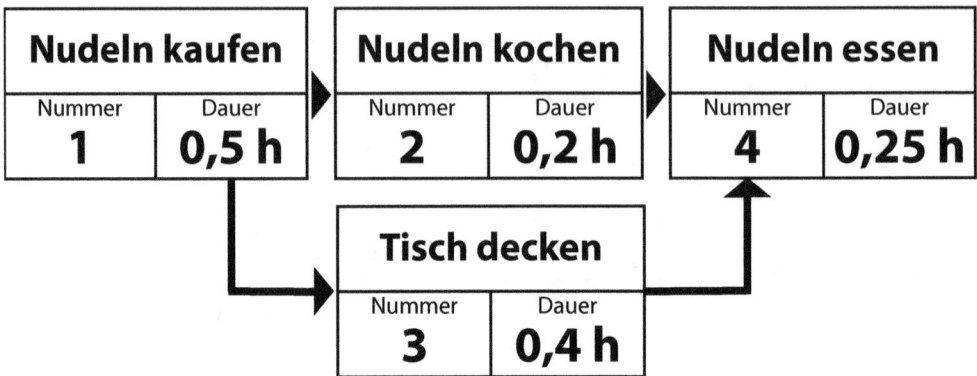

Abbildung 30: Projektplan mit Verzweigungen bzw. parallelen Abläufen

Methodisch empfiehlt es sich so vorzugehen, dass zunächst die Grundfunktionalitäten implementiert werden und zum Schluss eine Menüstruktur realisiert wird. Sollten Sie an einer Stelle nicht weiter wissen, so können Sie die folgenden Abschnitte gezielt zur Hilfe nehmen. Die Lösungsansätze sind so angeordnet, dass Sie als Leser stets die Möglichkeit haben, die bisherigen Lösungen zu testen und zu verfolgen, wie die Anwendung „wächst".

10.2   Modellierung des Projektplans

Ein wesentlicher Bestandteil ist die Modellierung des Projektplans bzw. der einzelnen Knoten. Darauf aufbauend lassen sich dann die weiteren Funktionalitäten entwickeln.

Für die Modellierung des Projektplans eignet sich zum Beispiel eine doppelt verkettete Liste, um die Knotenstruktur abzubilden. Da ein Projektplan-Knoten aus mehreren Eigenschaften besteht, sollte die Modellierung des Knotens über eine Struktur erfolgen. Innerhalb der Struktur wird jeweils ein Pointer für den Vorgänger sowie nachfolgenden Knoten angelegt, um eine doppelt verkettete Liste zu implementieren. Durch diese Implementierung kann man zwischen den einzelnen Knoten navigieren. Der Start- bzw. Endknoten ist dadurch gekennzeichnet, dass der Pointer für den Vorgänger- bzw. Nachfolger NULL enthält. Die in der Aufgabenstellung beschriebene Restriktion das es keine parallelen Abläufe gibt, ist damit genüge getan.[25]

---

[25]   Ein Projektplan ließe sich natürlich auch mit mehreren Vorgängern und Nachfolgern implementieren. Diese Variante wird jedoch aufgrund der Komplexität nicht betrachtet. Falls Sie als emsiger Leser doch die Aufgabenstellung so erweitern wollen, dass dies möglich ist, sollten zwei Arrays auf die Vorgänger bzw. Nachfolger Teil der Struktur sein.

Die nachfolgende Abbildung zeigt einen möglichen Aufbau der Knotenstruktur.

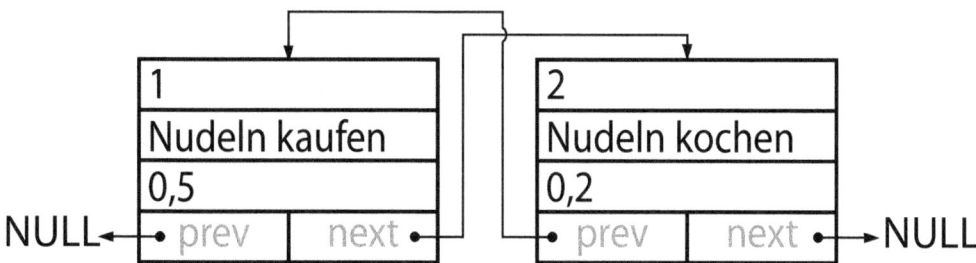

Abbildung 31: Schematische Darstellung der Struktur

Die zuvor gezeigte Struktur ermöglicht die Verarbeitung einer doppelt verketteten Liste. Die folgende Abbildung zeigt ein Beispiel einer solchen Liste.

Struktur Knoten

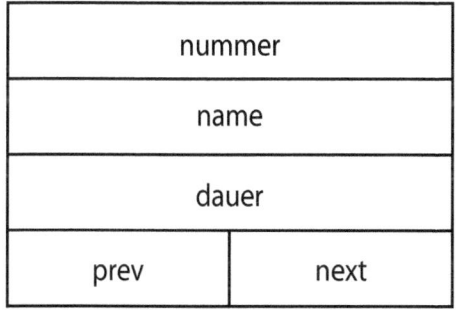

Abbildung 32: Schematische Darstellung einer doppelt verketteten Liste

Nun liegt es an Ihnen als Leser die Struktur entsprechend der Vorgaben zu implementieren. Denkanstöße erhalten Sie im Kapitel 8.2.1 Einfache Strukturen (struct). Die Lösung der ersten Teilaufgabe wiederum befindet sich auf der folgenden Seite.

Wesentliche, bezugnehmende Kapitel:

3 Einfache Datentypen (Seite 21)

8.2.1 Einfache Strukturen (struct) (Seite 117)

8.3 Pointer (Seite 125) bzw. 8.3.5 Pointer auf Strukturen (Seite 135)

Der Code für den Knoten eines Projektplans kann wie folgt aussehen:

```
#define STRLEN   128

typedef struct Knoten
{
    int nummer;
    char name[STRLEN];
    double dauer;
    Knoten* prev;
    Knoten* next;
} KNOTEN;
```

Basierend auf dieser Implementierung lässt sich nun die doppelt verkettete Liste, zur Modellierung des Projektplans, umsetzen. Hierfür muss bei jedem Erzeugen eines neuen Knotens entsprechend Speicherplatz zur Verfügung gestellt werden. Die Verfahrensweise wird im kommenden Abschnitt genauer erläutert.

Zur Erinnerung: Der im obigen Beispiel gezeigte Ausdruck `#define STRLEN   128` dient der einfachen Anpassung der Länge einer Zeichenkette innerhalb des Codes bzw. Projekts (vgl. 4.3.2 Define-Direktive).

10.3   Anlegen neuer Knoten

Als Grundlage für einen Projektplan wird eine Funktion benötigt, um neue Knoten anzulegen. Dies ist insofern notwendig, als das entsprechender Speicherplatz reserviert werden muss. Zudem sollen die Eigenschaften, wie zum Beispiel die Vorgangsnummer oder der Name, gespeichert werden können. Als erste Funktion sollte also eine implementiert werden, die alle Eigenschaften (Nummer, Name und Dauer) übergeben bekommt. Diese Funktion sollte Speicherplatz für einen neuen Knoten reservieren, die Eigenschaften setzen und den neu erstellten Knoten zurückgegeben.

Darüber hinaus sollte es einen Pointer auf den ersten Knoten im Projektplan geben, um durch die Liste navigieren zu können. Dies ist notwendig, um die Restriktion der eindeutigen Nummer im Projektplan zu gewährleisten. Bevor der Knoten angelegt wird, sollte die Liste auf Eindeutigkeit der Nummer hin überprüft werden. Falls die Nummer bereits vergeben ist, sollte sinnvollerweise dem Benutzer eine entsprechende Meldung angezeigt werden und die Funktion kann in einem solchen Fall NULL zurückgeben. Damit kann der aufrufenden Funktion mitgeteilt werden, dass kein Knoten angelegt wurden konnte.

Auf Basis der hier beschriebenen Funktion liegt es nun an Ihnen diese umzusetzen. Die Lösung bzw. der Code befindet sich auf der Folgeseite.

Wesentliche, bezugnehmende Kapitel:

8.2.1 Einfache Strukturen (struct) (Seite 117)

4.2 Funktionen (Seite 47)

6 Kontrollstrukturen (Seite 87)

8.3 Pointer (Seite 125) bzw. 8.3.5 Pointer auf Strukturen (Seite 135)

Lösungsskizze:

```c
KNOTEN* erzeugeKnoten(int nummer, char* name, double dauer,
KNOTEN* startKnoten)
{
    KNOTEN* aktuellerKnoten = startKnoten;
    /* In diesem Block wird geprüft, ob die eingegebene
       Vorgangsnummer eindeutig ist.*/
    if(startKnoten) /* identisch mit (startKnoten!=NULL) */
    {
        if(nummer == aktuellerKnoten->nummer)
            {
                printf("\nFehler: Vorgangsnummer %d ist bereits"
                        " vergeben.\n", nummer);
                return NULL;
            }
        while(aktuellerKnoten->next)
        {
            if(nummer == aktuellerKnoten->nummer)
            {
                printf("\nFehler: Vorgangsnummer %d ist bereits"
                        " vergeben.\n", nummer);
                return NULL;
            }
            aktuellerKnoten = aktuellerKnoten->next;
        }
    }

    /* In folgendem Block wird ein neuer Knoten angelegt. */
    KNOTEN* neuerKnoten = (KNOTEN*) malloc( sizeof(KNOTEN));

    /* Falls kein Speicherplatz mehr reserviert werden konnte,
       wird NULL zurückgegeben. */
    if (neuerKnoten == NULL) return NULL;

    /* Setzen der Eigenschaften des Knotens */
    neuerKnoten->nummer = nummer;
    strcpy(neuerKnoten->name, name);
    neuerKnoten->dauer = dauer;
    neuerKnoten->prev = NULL;
    neuerKnoten->next = NULL;
    return neuerKnoten;
}
```

Neben dieser Funktion ist noch mindestens eine notwendig, die das Einfügen von Knoten in eine Liste ermöglicht. Im nächsten Abschnitt wird beschrieben, wie dies umgesetzt werden kann.

10.4 Hinzufügen von neuen Knoten am Ende einer bestehenden Liste

Eine relativ einfache Form zur Erweiterung des Projektplans, ist das Hinzufügen eines Knotens am Ende der bestehenden Liste. Existiert noch kein Knoten, also bei einer leeren Liste, so wird der Knoten jeweils mit NULL als Wert für den prev- und den next- Pointer angelegt. Sollten bereits einer oder mehrere Knoten vorhanden sein, so muss der next-Pointer des letzten Knotens in der Liste mit der Adresse des neuen Knotens gefüllt werden. Der prev-Pointer des neuen Knotens muss wiederum auf diesen verweisen. Als next-Pointer wird NULL eingetragen. Somit wurde der neue Knoten richtig der Liste hinzugefügt und bildet somit den neuen letzten Knoten in der Liste. Die folgenden Abbildungen verdeutlichen diesen Vorgang.

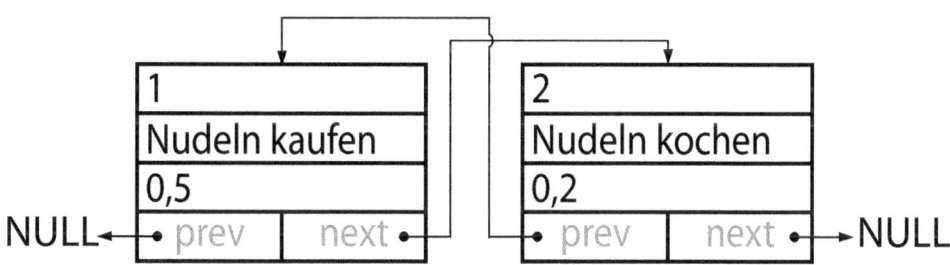

Abbildung 33: Liste vor dem Anfügen eines neuen Knotens

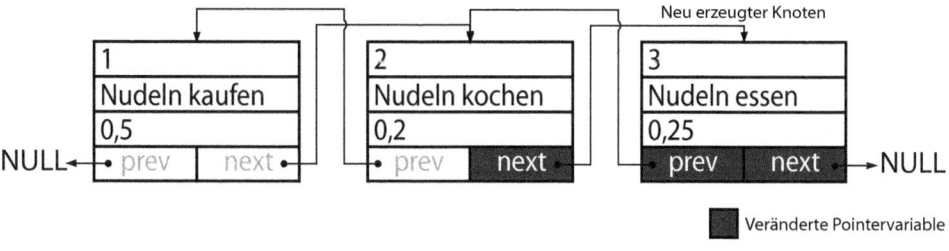

Abbildung 34: Liste nach dem Anfügen eines neuen Knotens

Mit den hier angegebenen Informationen haben Sie nun wieder die Möglichkeit Ihre eigene Lösung um diese Funktionalität zu erweitern. Denken Sie daran, dass Sie in dieser Funktion ggf. zunächst ans Ende der Liste navigieren müssen, um den neuen Knoten anhängen zu können.

Die Liste kann Element für Element durchlaufen werden, indem man beginnend mit einem Knoten eine Schleife solange durchläuft, bis der Inhalt der Next-Pointer-Variable des aktuellen Knotens den Wert NULL enthält. Hierfür legt man sich am Besten eine Pointer-Variable an, die bei jeder Iteration auf das nachfolgende Element (next-Pointer-Variable) gesetzt wird.

Nachdem die Abbruchbedingung erreicht ist, hat man den letzten Knoten der Liste identifiziert.

Wesentliche, bezugnehmende Kapitel:

4.2 Funktionen (Seite 47)

6 Kontrollstrukturen (Seite 87)

8.3 Pointer (Seite 125) bzw. 8.3.5 Pointer auf Strukturen (Seite 135)

Lösungsskizze:

```
KNOTEN* erweitereListe(KNOTEN* startKnoten, KNOTEN* neuerKnoten)
{
   KNOTEN* aktuellerKnoten = startKnoten;
   /* Falls ein Startknoten vorhanden ist, wird das Ende der Liste
      gesucht */
   if(startKnoten) /* identisch mit (startKnoten!=NULL) */
   {
      while(aktuellerKnoten->next)
      {
         aktuellerKnoten = aktuellerKnoten->next;
      }
   }

   /* Sofern ein korrekter neuer Knoten übergeben wurde,
      werden die Pointervariablen entsprechend gesetzt */
   if(neuerKnoten)
   {
      neuerKnoten->prev = aktuellerKnoten;
      aktuellerKnoten->next = neuerKnoten;
   }
   return neuerKnoten;
}
```

10.5   Berechnung der Projektlaufzeit

Nachdem nun die ersten, grundlegenden Funktionalitäten umgesetzt sind, kann nun eine Funktion zur Berechnung der Gesamtlaufzeit des Projekts realisiert werden.

Als Parameter sollte die Liste den Startknoten übergeben bekommen. Basierend darauf können Sie wie im vorherigen Abschnitt durch die Liste iterieren und dabei die Projektdauer aufsummieren. Als Rückgabewert sollte die Funktion die Gesamtlaufzeit liefern.

Jetzt können Sie versuchen diese Funktion zu realisieren. Der Code zur Berechnung der Projektlaufzeit befindet sich auf der folgenden Seite.

Wesentliche, bezugnehmende Kapitel:

4.1 Operatoren (Seite 37)

4.2 Funktionen (Seite 47)

6 Kontrollstrukturen (Seite 87)

Lösungsskizze:

```
double berechneProjektlaufzeit(KNOTEN* knoten)
{
    double ergebnis = 0.0;
    KNOTEN* aktuellerKnoten = knoten;
    while (aktuellerKnoten->next)
    {
        ergebnis += aktuellerKnoten->dauer;
        aktuellerKnoten = aktuellerKnoten->next;
    }
    ergebnis += aktuellerKnoten->dauer;

    return ergebnis;
}
```

10.6   Ausgabe eines Knotens und des gesamten Projektplans

Für die Ausgabe des gesamten Projektplans ist es sinnvoll zunächst eine Funktion umzusetzen, die einen einzelnen Knoten ausgibt. Dieser Knoten wird der Funktion als Parameter übergeben. Ist diese Funktion programmiert, so kann eine weitere entwickelt werden, die beginnend vom Startknoten die Liste durchläuft und die Funktion zum Anzeigen eines einzelnen Knotens aufruft. So kann die gesamte Liste ausgegeben werden. Am Ende der Liste ist es sinnvoll die Gesamtlaufzeit des Projekts hinzuzufügen.

Der Vorteil an der Aufteilung der Ausgabefunktionen liegt darin, dass man bei einer Anpassung der Ausgabe lediglich eine Funktion anpassen muss.

Eine Ausgabe der Liste könnte wie folgt aussehen:

```
Nr.        : 1
Name       : Nudeln_kaufen
Dauer      : 0.500000
Vorgaenger : (kein)
Nachfolger : 2
################################################################

Nr.        : 2
Name       : Nudeln_kochen
Dauer      : 0.200000
Vorgaenger : 1
Nachfolger : 3
################################################################

Nr.        : 3
Name       : Nudeln_essen
Dauer      : 0.250000
Vorgaenger : 2
Nachfolger : (kein)
################################################################

===================================
Gesamtdauer des Projektes: 0.950000
===================================
```

> **Wesentliche, bezugnehmende Kapitel:**
>
> 4.2 Funktionen (Seite 47)
>
> 5 Ein- und Ausgabe und Zeichenketten (Seite 69)

Den Quellcode zur Lösung dieser Aufgabenstellung befindet sich auf der Folgeseite.

Lösungsskizze:

```
void ausgabeListe(KNOTEN* knoten)
{
    if(!knoten)
    {
        printf("\n(Die Liste ist leer)\n");
    }
    else
    {
        KNOTEN* aktuellerKnoten = knoten;
        while (aktuellerKnoten->next)
        {
            ausgabeKnoten(aktuellerKnoten);
            aktuellerKnoten = aktuellerKnoten->next;
        }
        ausgabeKnoten(aktuellerKnoten);
        printf("===================================\n");
        printf("Gesamtdauer des Projektes: %lf\n",
                    berechneProjektlaufzeit(knoten));
        printf("===================================\n");
    }
    pause();
}


void ausgabeKnoten(KNOTEN* knoten)
{
    if(knoten)
    {
        printf(" Nr.         : %d\n", knoten->nummer);
        printf(" Name        : %s\n", knoten->name);
        printf(" Dauer       : %f\n", knoten->dauer);

        printf(" Vorgaenger : ");
        if(knoten->prev)
        {
            printf("%d\n",knoten->prev->nummer);
        }
        else
        {
            printf(" (kein)\n");
        }

        printf(" Nachfolger : ");
```

```
        if(knoten->next)
        {
            printf("%d\n",knoten->next->nummer);
        }
        else
        {
            printf("(kein)\n");
        }

        printf("\n######################################\n\n");
    }
    else
    {
        printf("\n--- Knoten ist nicht vorhanden ---\n");
    }
}
```

10.7   Knoten und komplette Liste löschen

Dieser Abschnitt kann als Pendant zum vorherigen Aufgabenteil angesehen werden, da nun anstatt der Ausgabe des Knotens oder der Liste dem Anwender ermöglicht werden soll, einzelne Knoten oder die gesamte Liste zu Löschen. An dieser Stelle ist natürlich auch die Implementierung anderer Funktionen möglich. Aufgrund der Ähnlichkeit der Funktionsstruktur wird jedoch nun dieses Feature beschrieben.

Wie beim vorherigen Abschnitt gezeigt, ist auch an dieser Stelle eine Zweiteilung der Funktionen sinnvoll. So sollte es eine geben, die einen einzelnen Knoten löscht sowie eine Routine, die die Liste durchläuft und jeweils den aktuellen Knoten durch Aufruf der Funktion löscht. Beim Löschen eines Knotens muss folgendes beachtet werden:

- Die Zuordnung der Pointer in der bestehenden Liste – Vorgänger- und Nachfolger-Knoten - muss nach dem Löschen eines einzelnen Knotens in sich stimmig sein. Handelt es sich bei dem zu löschenden Knoten um den Startknoten, so muss der Folgeknoten den neuen Startknoten darstellen.

- Der reservierte Speicherplatz muss wieder freigegeben werden.

Der Code zur Lösung befindet sich auf der Folgeseite.

Wesentliches, bezugnehmendes Kapitel:

8.3.4 Dynamische Speicherallokation (Seite 133)

Lösungsskizze:

```
KNOTEN* loescheKnoten(KNOTEN* knoten, KNOTEN* startKnoten)
{
    KNOTEN* tmpKnoten;
    if(knoten->prev == NULL)
    {
        tmpKnoten = knoten->next;
        if(tmpKnoten) tmpKnoten->prev = NULL;
        free(knoten);
        return tmpKnoten;
    }
    else if(knoten->next == NULL)
    {
        tmpKnoten = knoten->prev;
        if(tmpKnoten) tmpKnoten->next = NULL;
        free(knoten);
    }
    else
    {
        knoten->prev->next = knoten->next;
        knoten->next->prev = knoten->prev;
    }
    return startKnoten;
}

KNOTEN* loescheListe(KNOTEN* startKnoten)
{
    if(!startKnoten) return NULL;
    KNOTEN* tmpKnoten;
    do
    {
        tmpKnoten = startKnoten->next;
        startKnoten = loescheKnoten(startKnoten, startKnoten);

    } while(tmpKnoten);
    return NULL;
}
```

10.8   Knoten suchen

Für spätere Funktionen, wie zum Beispiel das Tauschen von Vorgängen, ist es sinnvoll eine Suche zur Verfügung zu stellen, bei der ein Knoten der gesuchten Nummer zurückgegeben wird.

Um einen Knoten überhaupt suchen zu können, benötigt diese Funktion den Start-Pointer sowie die entsprechende Nummer nach der gesucht werden soll. Für die Suche wird jeder Knoten in der Liste auf Übereinstimmung der Nummer überprüft. Im Erfolgsfall wird der gefundene Knoten bzw. ein Zeiger auf diesen zurückgegeben. Falls es keine Übereinstimmung gibt, sollte die Funktion NULL zurückgeben.

Wie in den anderen Abschnitten zuvor können Sie nun selbst probieren die Aufgabenstellung zum Suchen eines Knotens zu lösen und ggf. den Code auf der Folgeseite betrachten.

Lösungsskizze:

```
KNOTEN* sucheKnoten(KNOTEN* startKnoten, int Knotennummer)
{
    KNOTEN* aktKnoten = startKnoten;

    while(aktKnoten)
    {
        if(aktKnoten->nummer == Knotennummer)
        {
            return aktKnoten;
        }
        aktKnoten = aktKnoten->next;
    }
    return NULL;
}
```

10.9 Knoten tauschen

Um eine weitere Anforderung umzusetzen, das Tauschen von Vorgängen bztw. Knoten, wird an dieser Stelle erläutert, wie man zwei Elemente in einer doppelt verketteten Liste vertauschen kann.

Beim Tauschen zweier Elemente in der Liste sind jeweils die Vor- und Nachfolgeknoten von der Änderung betroffen, sofern es sich nicht um einen Start- oder Endknoten handelt. Es gibt hier also ein paar Sonderfälle zu beachten, die im Folgenden näher beschrieben werden.

Beim „Standardfall", beide Knoten liegen nicht direkt nebeneinander, müssen die Pointer der einzelnen Vorgänger und Nachfolger entsprechend angepasst werden. Zudem müssen jeweils die Pointer prev und next der beiden zu tauschenden Knoten miteinander getauscht werden. Somit sind diese an einer anderen Stelle in der Liste verankert.

Handelt es sich bei den zu tauschenden Knoten um direkt benachbarte Knoten, so ist bei dem prev- bzw. next-Pointer zu beachten, dass sie jeweils auf den anderen Knoten verweisen. Würde die oben beschriebene Variante, mit dem einfachen Tauschen der Pointer, angewendet werden, so würde der Knoten auf sich selbst verweisen und die Listenstruktur wäre somit zerstört.

Handelt es sich bei einem der Knoten um den Startknoten, so gibt es nach dem Tauschen einen neuen Startknoten.

Zur eleganten Verarbeitung in einer späteren Menüstruktur wurde an dieser Stelle eine Funktion implementiert, die den Startknoten und zwei Vorgangsnummern übergeben bekommt. Mit Hilfe dieser Nummern wird die zuvor beschriebene Suche aufgerufen. Wenn zwei gültige Knoten gefunden wurden, wird letztendlich die Funktion zum Tauschen von zwei Knoten anhand der übergebenen Pointer aufgerufen. Die zurückgegebene Information wird entsprechend zurückgegeben. Auch an dieser Stelle wird natürlich der Startknoten benötigt.

Die hier angesprochenen Funktionen befinden sich, Sie ahnen es sicherlich schon, auf der Folgeseite.

Lösungsskizze:

```
KNOTEN* tauscheKnotenMitNummer(KNOTEN* startKnoten, int
knotenNummerA, int knotenNummerB)
{
    KNOTEN* tmpKnoten;
    KNOTEN* knotenA = sucheKnoten(startKnoten, knotenNummerA);
    KNOTEN* knotenB = sucheKnoten(startKnoten, knotenNummerB);

    if(knotenA && knotenB)
    {
        return tauscheKnoten(startKnoten, knotenA, knotenB);
    }
    return NULL;
}



KNOTEN* tauscheKnoten(KNOTEN* startKnoten, KNOTEN* knotenA,
KNOTEN* knotenB)
{
    KNOTEN* aPrev = knotenA->prev;
    KNOTEN* bPrev = knotenB->prev;
    KNOTEN* aNext = knotenA->next;
    KNOTEN* bNext = knotenB->next;

    if(knotenA && knotenB)
    {
        /* A ist Vorgaenger von B */
        if(aNext == knotenB)
        {
            if(aPrev) aPrev->next = knotenB;
            if(bNext) bNext->prev = knotenA;

            knotenB->prev = aPrev;
            knotenB->next = knotenA;

            knotenA->next = bNext;
            knotenA->prev = knotenB;

            if(!knotenA->prev) return knotenA;
            if(!knotenB->prev) return knotenB;
        }
        /* B ist Vorgänger von A */
```

```
        else if(bNext == knotenA)
        {
            if(bPrev) bPrev->next = knotenA;
            if(aNext) aNext->prev = knotenB;

            knotenA->prev = bPrev;
            knotenA->next = knotenB;

            knotenB->prev = knotenA;
            knotenB->next = aNext;
        }
        /* A und B sind keine Nachbarn */
        else
        {
            if(aPrev) aPrev->next = knotenB;
            if(aNext) aNext->prev = knotenB;
            if(bPrev) bPrev->next = knotenA;
            if(bNext) bNext->prev = knotenA;

            knotenA->prev = bPrev;
            knotenA->next = bNext;

            knotenB->prev = aPrev;
            knotenB->next = aNext;
        }

        if(!knotenA->prev) return knotenA;
        if(!knotenB->prev) return knotenB;
        return startKnoten;
    }
    return NULL;
}
```

10.10   Speichern und Laden von Projektplänen

Eine in der Aufgabenstellung geforderte Funktionalität ist das Laden und Speichern von Projektplänen, welche nun im gewohnten Schema behandelt wird.

Das grundlegende Vorgehen, die Iteration durch den Projektplan, ist bereits bekannt. Anstelle der Ausgabe des Projektplans am Bildschirm soll nun die Ausgabe in einer Datei erfolgen. Eine Möglichkeit zur Ausgabe der Liste in eine Datei ist das Schreiben jedes einzelnen Knotens in eine aktuell geöffnete Datei mittels der Funktion fprintf(). An dieser Stelle kann praktisch die Funktion zur Ausgabe der Liste am Bildschirm übernommen und entsprechend angepasst werden. Es sind lediglich die Anweisungen zum korrekten Öffnen der Datei, im Schreibmodus, sowie der Aufruf der oben genannten Funktion fprintf() erforderlich.Bitte beachten Sie die Hinweise in Kapitel 9 Dateiverarbeitung. Die Funktion sollte einen Dateinamen übergeben bekommen.

Für das Öffnen eines Projektplans kann als Pendant zu fprintf() die Funktion fscanf() verwendet werden. Falls bereits ein Projektplan existiert, so sollte dieser vor dem Öffnen gelöscht werden. Hierfür kann die zuvor entwickelte Funktion aufgerufen werden. Beginnend mit dem Anfang der Datei, sollte die Funktion fscanf(), mit den entsprechenden Formatstirngs, solange aufgerufen werden, bis diese EOF (end of file) zurückgibt. Für jeden „gefundenen" Knoten kann nun ein Knoten erzeugt und der Liste angefügt werden. Bitte beachten Sie, dass der Start-Pointer entsprechend gesetzt und zurückgegeben wird.

Der Quellcode der beiden Funktionen befindet sich auf der Folgeseite.

Wesentliches, bezugnehmendes Kapitel:

9 Dateiverarbeitung (Seite 165)

Lösungsskizze:

```
int schreibeDatei(KNOTEN* startKnoten, char* dateiname)
{
    FILE *fp;
    KNOTEN* aktuellerKnoten = startKnoten;

    if(fp=fopen(dateiname,"w"))
    {
        while (aktuellerKnoten->next)
        {
            fprintf(fp,"%d %s %lf \n",aktuellerKnoten->nummer,
                aktuellerKnoten->name, aktuellerKnoten->dauer);
            aktuellerKnoten = aktuellerKnoten->next;
        }
        fprintf(fp,"%d %s %lf \n",aktuellerKnoten->nummer,
            aktuellerKnoten->name, aktuellerKnoten->dauer);
        fclose(fp);
        return TRUE;
    }
    return FALSE;
}


KNOTEN* leseDatei(KNOTEN* startKnoten, char* dateiname)
{
    FILE *fp;
    int c;
    KNOTEN tmpKnoten;
    int nummer = 4;
    char name[STRLEN];
    double dauer = 0.0;

    KNOTEN* aktuellerKnoten = startKnoten;

    loescheListe(startKnoten); /* Die aktuelle Liste muss
                                  geloescht werden, damit der
                                  Speicherplatz freigegeben wird
                            */
    if(fp=fopen(dateiname,"r"))
    {
        fscanf(fp,"%d %s %lf \n",&nummer,&name,&dauer);
        startKnoten = erzeugeKnoten(nummer,name,dauer, NULL);
```

```
        while((c = fscanf(fp,"%d %s %lf \n",&nummer,&name,&dauer)
              != EOF))
        {
            erweitereListe(startKnoten,erzeugeKnoten(nummer,name,
                           dauer,startKnoten));
        }
        fclose(fp);
    }
    return startKnoten;
}
```

10.11   Benutzerdialoge

Bevor die Menüstruktur implementiert wird, sollten zunächst die Benutzerdialoge entwickelt werden, um die Funktionalitäten zur Verfügung zu stellen.

Die Dialoge können nach Ihrem Geschmack gestaltet werden. Im Folgenden gibt Vorschläge zur Implementierung folgender Dialoge:

- Eingabe eines Knotens

- Auswahl eines Knotens zur Änderung

- Ändern eines Knotens

- Tauschen zweier Knoten

- Löschen eines Knotens

- Projektplan Öffnen

- Projektplan Speichern

- Löschen des aktuellen Projektplans

- Anzeige einer Hilfe

Lösungsansätze zu den Benutzerdialogen finden Sie auf der Folgeseite.

Wesentliches, bezugnehmendes Kapitel:
5 Ein- und Ausgabe und Zeichenketten (Seite 69)

Lösungsskizze:

```
KNOTEN* dialogKnotenEingeben(KNOTEN* startKnoten)
{
    int nummer;
    char name[STRLEN];
    double dauer;
    KNOTEN* tmpKnoten = NULL;

    while(!tmpKnoten)
    {
        fflush(stdin);
        printf("-- Vorgang erstellen --\n");
        printf("Nummer: ");
        scanf("%d",&nummer);
        printf("Name:   ");
        scanf("%s",name);
        printf("Dauer:  ");
        scanf("%lf",&dauer);
        tmpKnoten = erzeugeKnoten(nummer,name,dauer,startKnoten);
    }
    printf("\nDer Knoten wurde angelegt.\n");
    pause();
    return tmpKnoten;
}


void dialogSpeichern(KNOTEN* startKnoten)
{
    char dateiname[STRLEN];
    char wahl;
    int ergebnis = 0;
    FILE *fp;

    printf("\nGeben Sie den Dateinamen (inkl. Endung) an:  ");
    fflush(stdin);
    scanf("%s",dateiname);

    if(fp = fopen(dateiname, "r"))
    {
        fclose(fp);
        printf("\nDie Datei '%s' exitsiert bereits. Wollen Sie "
                "die Datei ueberschreiben [j/n]?");
        fflush(stdin);
        scanf("%c",&wahl);
```

```
        if(wahl == 'j')
        {
            ergebnis = schreibeDatei(startKnoten, dateiname);
        }
        else
        {
            dialogSpeichern(startKnoten);
        }
    }
    else
    {
        ergebnis = schreibeDatei(startKnoten, dateiname);
    }

    if(ergebnis==TRUE)
    {
        printf("\nDie Datei '%s' wurde erfolgreich "
                "gespeichert.\n",dateiname);
    }
    else
    {
        printf("\nFehler - Die Datei '%s' konnte nicht"
                " gespeichert werden.\n",dateiname);
    }
    pause();
}

KNOTEN* dialogOeffnen(KNOTEN* startKnoten)
{
    char eingabe[STRLEN];
    char wahl;

    printf("\nWollen Sie den aktuellen Projektplan sichern? "
            "[j/n]        :  ");
    fflush(stdin);
    scanf("%c",&wahl);
    if(wahl=='j' || wahl=='J')
    {
        dialogSpeichern(startKnoten);
        printf("\nWelche Datei wollen Sie oeffnen? ");
        fflush(stdin);
        scanf("%s",eingabe);
        startKnoten = leseDatei(startKnoten, eingabe);
    }
```

```
    else
    {
        printf("\nWelche Datei wollen Sie oeffnen? ");
        fflush(stdin);
        scanf("%s",eingabe);
        startKnoten = leseDatei(startKnoten, eingabe);
    }

    if(!startKnoten)
    {
        printf("\nDie Datei '%' konnte nicht geoeffnet "
                " werden.\n", eingabe);
    }
    else
    {
        printf("\nDie Datei '%' wurde geoeffnet.\n", eingabe);
    }
    pause();
    return startKnoten;
}


void dialogKnotenAendern(KNOTEN* knoten)
{
    int wahl;
    printf("Folgender Knoten soll geaendert werden:\n");
    printf(" [1] Nummer: %d\n", knoten->nummer);
    printf(" [2] Name  : %s\n", knoten->name);
    printf(" [3] Dauer : %lf\n",knoten->dauer);
    printf("Welchen Wert wollen Sie aendern? ");
    fflush(stdin);
    scanf("%i",&wahl);

    if(wahl==1)
    {
        printf("Nummer '%i' aendern in: ", knoten->nummer);
        fflush(stdin);
        scanf("%i", &wahl);
        knoten->nummer = wahl;
    }

    if(wahl==2)
    {
        printf("Name '%s' aendern in: ", knoten->name);
        fflush(stdin);
```

```
            scanf("%s", &(knoten->name));
        }
        if(wahl==3)
        {
            printf("Dauer '%lf' aendern in: ", knoten->dauer);
            fflush(stdin);
            scanf("%lf", &(knoten->dauer));
        }

        printf("\nDer Knoten wurde geaendert.\n");
        pause();
    }


    void dialogKnotenFuerAenderungWaehlen(KNOTEN* startKnoten)
    {
        int nummerA = 0;
        KNOTEN* tmpKnotenA = NULL;

        printf("Welchen Knoten wollen Sie aendern?\nBitte geben Sie"
                " die entprechende Nummer ein: ");

        fflush(stdin);
        scanf("%d",&nummerA);
        if(tmpKnotenA = sucheKnoten(startKnoten,nummerA))
        {
            dialogKnotenAendern(tmpKnotenA);
            printf("\nKnoten %d geandert.\n", nummerA);
        }
        else
        {
            printf("\nKnoten %d nicht vorhanden.\n", nummerA);
        }
        pause();
    }


    KNOTEN* dialogKnotenTauschen(KNOTEN* startKnoten)
    {
        KNOTEN* tmpKnoten = NULL;
        int nummerA = 0;
        int nummerB = 0;

        printf("Welche Knoten wollen Sie tauschen?\nBitte geben Sie"
                " die Nummer des ersten Knotens ein: ");
```

```
        fflush(stdin);
        scanf("%d",&nummerA);
        printf("Bitte geben Sie die Nr. des zweiten Knotens ein:");
        fflush(stdin);
        scanf("%d",&nummerB);

        if(tmpKnoten =
    tauscheKnotenMitNummer(startKnoten,nummerA,nummerB))
        {
            startKnoten = tmpKnoten;
            printf("\nKnoten %d und %d getauscht.\n", nummerA,
                    nummerB);
        }
        else
        {
            printf("\nErster oder zweiter Knoten nicht"
                    " vorhanden.\n");
        }
        pause();
        return startKnoten;
    }


    KNOTEN* dialogKnotenLoeschen(KNOTEN* startKnoten)
    {
        KNOTEN* tmpKnoten = NULL;
        int nummer = 0;

        printf("Welchen Knoten wollen Sie loeschen?\nBitte geben Sie"
                " die entprechende Nummer ein: ");

        fflush(stdin);
        scanf("%d",&nummer);
        if(tmpKnoten = sucheKnoten(startKnoten,nummer))
        {
            startKnoten = loescheKnoten(tmpKnoten, startKnoten);
            printf("\nKnoten %d wurde geloescht.\n", nummer);
        }
        else
        {
            printf("\nKnoten %d nicht vorhanden.\n", nummer);
        }
        pause();
        return startKnoten;
    }
```

```
KNOTEN* dialogProjektplanLoeschen(KNOTEN* startKnoten)
{
    char eingabe;

    printf("\nWollen Sie wirklich den kompletten Projektplan"
              " loeschen? [j/n] : ");
    fflush(stdin);
    scanf("%c",&eingabe);
    if(eingabe=='j')
    {
        startKnoten = loescheListe(startKnoten);
        printf("\nProjektplan wurde erfolgreich geloescht.\n");
    }
    pause();
    return startKnoten;
}


void dialogZeigeHilfe(void)
{
    printf("\n++++++++++++++ Programm-Hilfe ++++++++++++++\n");
    printf("\n* Durch Eingabe der im Menue angezeigten Nummer,\n"
              "oder des Buchstabens in den Klammern [],\n"
              "gelangen Sie zur gewuenschten Funktion.\n");
    printf("\n* Untermenues sind durch -> gekennzeichnet.\n"
              "Bei dieser Art von Menue ist fuer das "
              "Aufrufen\n von Funktionen nur die Eingabe von "
              "Buchstaben\n moeglich. Durch die Eingabe der "
              "Zahl 0, gelangen\n Sie ins Hauptmenue "
              "zurueck.\n");
    printf("\n* Wird das Proramm mit einem Dateinamen als\n"
              "Kommandozeilen-Parameter gestartet, so wird der"
              "\n in der Datei vorhandene Projektplan beim "
              "Starten\n des Programms geoeffnet.\n");
    printf("\n+++++++++++++++++++++++++++++++++++++++++++++++\n");
    pause();
}

void pause(void)
{
    char dummy = 0;
    fflush(stdin);
    scanf("%c",&dummy);
}
```

10.12   Laden des Programms

Zu guter Letzt, falls noch nicht durch Sie geschehen, muss noch die main-Funktion implementiert werden, um das Programm ausführbar zu machen. Sicherlich haben Sie zum Testen der einzelnen Teillösungen bereits eine main-Funktion. Im Rahmen der Lösungshinweise und Codes der Abschlussübung wird an dieser Stelle die main-Funktion so aufgebaut, dass Sie Kommandozeilenparameter annimmt. Dies ist notwendig, um die Restriktion des automatischen Ladens eines Projektplans beim Start des Programms umzusetzen (siehe Aufgabenstellung). Mit einem übergebenen Dateinamen kann die bereits vorhandene Funktion zum Laden von einer Projektplan-Datei verwendet werden.

Die Lösung dieses Aufgabenteils befindet sich auf der Folgeseite.

Wesentliches, bezugnehmendes Kapitel:

8.3.7 Kommandozeilenargumente und Umgebungsinformation (Seite 143)

Lösungsskizze:

```
int main(int argc, char **argv)
{
    KNOTEN *startKnoten = NULL;

    if(argc == 2)
    {
        startKnoten = leseDatei(NULL, argv[1]);
        if(!startKnoten)
        {
            printf("\nFehler: Datei %s konnte nicht geladen "
                    "werden.\n", argv[1]);
        }
    }

    ausgabeMenue(startKnoten);

    system("PAUSE");
    return EXIT_SUCCESS;

}
```

10.13   Komplettlösung der Abschlussübung

Den kompletten Quellcode zur Lösung der Abschlussübung können Sie sich auf der Webseite zum Buch (cbuch.net) herunterladen.

11 Lösungsskizzen

An dieser Stelle möchten wir dem eifrigen Leser zu zahlreichen der im Buch gestellten Übungsaufgaben einige Lösungshinweise und -skizzen geben.

11.1 Übungen zu Kapitel 2

1. Wir hoffen, es hat geklappt!

2. Ein Kommentar wird notiert wie folgt.
   ```
   /* ....... */
   ```

3. Der Ausdruck \n bezeichnet ein „New Line"-Zeichen und sorgt dafür, dass bei der Ausgabe auf die Konsole ein Zeilenumbruch stattfindet.

4. Konstante Werte in C können über den Präprozessor oder als originäre „konstante Variable" vereinbart werden.
   ```
   #define KONSTANTE1  100
   const int konstante2 = 100;
   ```

5. Das modifizierte Programm zinsen2.c finden Sie nachstehend.

   ```c
   /* zinsen2.c - Modifizierte Berechnung von Sparzinsen */
   #include <stdio.h>

   int main(void)
   {
       int startkapital;   /* Speicherplatz fuer das Ausgangskapital
                              in ganzen Euro */
       float endkapital;   /* Variable fuer das zu erzielende
                              Endkapital */
       float zinsen;       /* Hier wird der Zinsbetrag
                              zwischengespeichert */
       float zinssatz;     /* Der zu Grunde gelegte Zinssatz - nun
                              variabel */

       /* Eingabe der erforderlichen Daten */
       printf("Bitte einen Geldbetrag [ganzzahlig in Euro] "
              "eingeben:");
       scanf("%d",&startkapital);  /* Wichtig ist wie gesagt der
                                      Adressoperator & */
       printf("Bitte den Zinssatz eingeben, 0.05 fuer 5% etc.: ");
   ```

```
scanf("%f",&zinssatz);

zinsen = startkapital * zinssatz;
endkapital = startkapital + zinsen;

printf("Nach einem Jahr betraegt Ihr Guthaben EUR "
       "%f.\n",endkapital);

return 0;

} /* end main */
```

11.2   Übungen zu Kapitel 3

1. Beides, char wie int, sind numerische Datentypen verschiedener Speicherbreite. Lediglich die standardmäßige Interpretation unterscheidet sich: char wird in der Regel als ein Zeichen aus dem Code des Betriebssystems, z.B. ASCII, interpretiert. int dagegen ist zur Abspeicherung von ganzen Zahlen vorgesehen.

2. Ja. Nein.

3. Einem bekannten Datentyp kann hiermit ein weiterer Name gegeben werden.

4. Eine implizite Typenumwandlung geschieht beispielsweise, wenn „stillschweigend" einer float-Variablen ein ganzzahliger Wert zugewiesen wird (siehe nachstehende Zeile //1//). Explizit ist ein Type Cast, wenn in runden Klammern der gewünschte Zieldatentyp angegeben wird (Zeile //2//).
```
//1//
float x = 3;
//2//
x = (float) 7 / (float) 9;
```

5. Die Rechenoperation 7 / 9 findet als Ganzzahldivision statt, denn 7 und 9 sind beides ganzzahlige Werte. Da 9 „0-mal" in 7 „hineinpasst", ist das Ergebnis hier 0.

11.3   Übungen zu Kapitel 4

Zu 1.

Vgl. hierzu Abschnitt 4.1.8 Der Bedingungsoperator. Der fragliche Programmauszug könnte unter Verwendung des Bedingungsoperators so aussehen.

```
float x, y;
printf("Bitte zwei float-Werte eingeben: ");
```

```
scanf("%f %f",&x,&y);
printf("Der groessere Wert ist %f!\n", x>y ? x : y );
```

Zu 2.

```
/* Hier wird exemplarisch ein Mehrwertsteuersatz von 19%
verwendet. */
float mwst(float netto)
{
    return netto * 0.19;
}
```

```
/* Alternativ kann der Mehrwertsteuersatz mitgegeben werden. */
float mwst(float netto, float mwstsatz)
{
    return netto * mwstsatz;
}
```

Zu 3.

```
float brutto(float netto)
{
    return netto + mwst(netto);
}
```

Zu 5.

Nachstehend ist ein beispielhaftes Programm zu dieser Aufgabe abgedruckt.

```
#include <stdio.h>
#include <stdlib.h>

float kapital3(float, float);

int main(void)
{
    float betrag, zinssatz;
    printf("Bitte einen Euro-Betrag eingeben: ");
    scanf("%f",&betrag);
    printf("Bitte einen Zinssatz eingeben:    ");
    scanf("%f",&zinssatz);
    printf("Kapital nach 3 Jahren:           %f EUR",
            kapital3(betrag,zinssatz));
```

```
        return EXIT_SUCCESS;
    }

    float kapital3(float ausgangsbetrag, float zinssatz)
    {
        float ergebnis = ausgangsbetrag;
        ergebnis = ergebnis * ( 1 + zinssatz ); /* ... nach dem 1.Jahr
                                                    */
        ergebnis = ergebnis * ( 1 + zinssatz ); /* ... nach dem 2.Jahr
                                                    */
        ergebnis = ergebnis * ( 1 + zinssatz ); /* ... nach dem 3.Jahr
                                                    */
        return ergebnis;
    }
```

Zu 8.

Das Makro BRUTTO kann wie folgt aussehen.

```
#define STEUERSATZ   16
#define BRUTTO(nettobetrag)   (nettobetrag + nettobetrag *
STEUERSATZ / 100)

float bruttobetrag = BRUTTO(215.30);
```

Zu 10.

Die Ausgabe des folgenden Hauptprogramms unter Verwendung der im Abschnitt „Variable Parameterlisten" (siehe S. 55) bereitgestellten Funktion Max() ist nachstehend wiedergegeben.

```
int main(void)
{
    printf("Max: %d, weitere Werte: %d %d\n",
            Max(5,12,13,14),15,16);
    return EXIT_SUCCESS;
} /* end main */
```

Die Programmausgabe ist nicht sauber definiert: logisch ist der Aufruf von Max() fehlerhaft, denn es kommen nach dem ersten Parameter mit dem Wert 5 keine fünf weiteren Parameter. Auf einem gängigen Compiler wird es i.a. so sein, dass hier einfach die Werte 15 und 16, die „eigentlich" nur der printf()-Funktion dienen sollen, stillschweigend für den Aufruf von Max() mitverwendet werden. In einem solchen Fall kommt dann einfach 16 als Ergebnis zurück.

Der Leser möge nun weiterknobeln oder gleich praktisch testen: was passiert bei den nachfolgenden Aufrufen von `Max()`?

```
printf("%d %c\n",Max(4,12,13,11),'A');
printf("%d\n",Max(2,12,13,11));
printf("%d\n",Max(3,12,13,11));
printf("%d\n",Max(4,12,13,11));
```

11.4   Übungen zu Kapitel 5

Zu 2.

```
//1//
char text1[20];
//2//
char text2[20] = "Hallo";
//3//
char text3[] = "Hallo";
```

In Zeile //1// wird ein Feld (Array) von 20 Zeichen (char's) bereitgestellt, der Name `text1` steht für die Startadresse des hierfür vorgesehenen Speicherbereiches. Es können maximal 19 Nutzzeichen im Sinne einer C-Zeichenkette eingetragen werden, da spätestens das 20.Zeichen die terminierende Null '\0' sein muss.

Zeile //2// unterscheidet sich hiervon insoweit, als gleich eine Initialisierung stattfindet. Die ersten sechs Plätze, also text2[0] bis text2[5], erhalten hier bereits konkrete Werte:

```
text2[0] = 'H';
text2[1] = 'a';
text2[2] = 'l';
text2[3] = 'l';
text2[4] = 'o';
text2[5] = '\0';
```

Schließlich wird bei Zeile //3// wegen der vorhandenen Initialisierung auf die konkrete Größenangabe verzichtet; dies akzeptiert der Compiler, weil durch den Initialwert "Hallo" bereits feststeht, dass hier sechs Zeichen benötigt werden.

Zu 5.

Ausgabe einer einer int-Variablen `j` auf acht Stellen Breite:

```
printf("%8d",j);
```

Ausgabe einer double-Variablen x mit vier Nachkommastellen:

```
printf("%.4lf",x);
```

Die Formatierung `"%05d"` bei der `printf()`-Funktion dient zur Ausgabe eines ganzzahligen Wertes auf (mindestens) fünf Plätzen mit ggf. führenden Nullen.

Zu 6.

Die Anweisung sieht aus wie folgt.

```
printf("%04d  %07.3f",i,x);
```

Dabei ist fairerweise anzumerken, dass wir im Text nicht ausdrücklich auf die Möglichkeit eingegangen sind, dass auch bei float-Werten führende Nullen bei der Ausgabe benannt werden können. Der kluge Leser ist sicher dennoch darauf gekommen.

Zu 7.

Es geht um die beiden Formatierungen `%c` und `%s` bei der Funktion `scanf()`. Die Formatierung `%c` dient dazu, ein einzelnes Zeichen von Tastatur einzulesen.

```
char zeichen;
scanf("%c",&zeichen);
printf("Das eingegebene Zeichen ist %c.\n",zeichen);
```

Mit `%s` wird der Funktion `scanf()` mitgeteilt, dass eine ganze Zeichenkette eingelesen werden soll. In diesem Fall ist der Ablauf intern viel komplizierter: es werden solange alle Zeichen von Tastatur eingelesen und sukzessive an bzw. hinter die genannte Startadresse gespeichert, bis ein Leerzeichen, ein Tabulator – allgemein ein sog. „white space"-Zeichen – oder ein *[Return]* eingegeben wird. Sobald die Eingabe beendet ist, fügt die Funktion noch eine ASCII-Null `'\0'` als String-Ende-Zeichen hinzu.

```
char text[100];
scanf("%s",text);
```

Zu 8.

```
#include <stdio.h>
#include <stdlib.h>

int main(void)
{
    char c;
    printf("Bitte das Zeichen eingeben: ");
    scanf("%c",&c);
    printf("Die Nr. im ASCII ist %3d.\n",c);
    return EXIT_SUCCESS;
}
```

Zu 9.

Die beiden gezeigten Fragmente sind in ihrer Wirkung identisch. Beide Male werden nach der Deklaration und Definition der Variablen `wert1` und `wert2` zwei ganze Zahlen von Tastatur eingelesen und deren Summe ausgegeben.

In beiden Fragmenten können die beiden Zahlen durch Leerzeichen getrennt auf einer Zeile oder aber einzeln – jeweils abgeschlossen durch Drücken der *[Return]*-Taste – eingegeben werden.

11.5 Übungen zu Kapitel 6

Zu 2.

Prototyp:

```
void umwandeln(char *);
```

Implementierung mit einer Hilfsfunktion:

```
char grossbuchstabe(char c)
{
    switch(c)   /* Spezialfaelle werden hier abgearbeitet */
    {
        case 'ä':    return 'Ä';
        case 'ö':    return 'Ö';
        case 'ü':    return 'Ü';
    }
    return toupper(c); /* Ansonsten wird die fertige
                          Bibliotheksfunktion toupper() verwendet
                        */
}

void umwandeln(char * s)
{
    int i;
    for (i=0; i<strlen(s); i++)
    {
        s[i] = grossbuchstabe(s[i]);
    } /* end for i */
}
```

Natürlich kann hier auf die Hilfsfunktion auch verzichtet und alles in einer einzigen Funktion `umwandeln()` realisiert werden.

Zu 3.

Quadratische Gleichungen der Form $x^2+px+q=0$ haben verschiedene Lösungsfälle. Die allgemeinen zwei Lösungen sind in nachstehender Abbildung angegeben. Dabei darf die Diskriminante, also der Ausdruck unter dem Wurzelzeichen, nicht negativ sein. Ist die Diskriminante gleich 0, so besitzt die quadratische Gleichung genau eine Lösung, ist sie größer als 0, so gibt es zwei Lösungen.

$$x=-\frac{p}{2}\pm\sqrt{\frac{p^2}{4}-q}$$

Zur Implementierung wird – wie bereits in der Aufgabenstellung erwähnt – die Funktion sqrt() zur Berechnung der Wurzel einer nichtnegativen double- oder float-Zahl benötigt. Nachstehend ein vollständiges Programm.

```
/* pqformel.c - Loesen eines quadratischen Gleichungssystems d.
Form x^2+px+q=0 */

#include <stdio.h>
#include <stdlib.h>
#include <math.h>

int main()
{
    float p, q, diskriminante;

    printf("p-q-Formel-Loeser\nBitte p und q eingeben: ");
    scanf("%f %f",&p,&q);

    printf("Die Quadatische Gleichung lautet: x^2 + %fx + %f = "
           "0\n",p,q);

    diskriminante = p*p/4 - q;

    if (diskriminante < 0)
    {
        printf("Diese Quadratische Gleichung hat keine "
               "Loesung!\n");
    }
    else if (diskriminante == 0)
    {
        float loesung = -p/2;
        printf("Hier gibt es genau eine Loesung: x = "
               "%f\n",loesung);
    }
```

```
    else /* hier gilt also (diskriminante > 0) */
    {
        float loesung1 = -p/2 + sqrt(diskriminante);
        float loesung2 = -p/2 - sqrt(diskriminante);
        printf("Es gibt zwei Loesungen:  x1 = %f\n",loesung1);
        printf("                         x2 = %f\n",loesung2);
    }
    return EXIT_SUCCESS;

}
```

Aus Gründen der Präzision sei an dieser Stelle darauf hingewiesen, dass in diesem Beispiel die Diskriminante bei der Überprüfung auf genau eine Lösung lediglich mit 0 verglichen wird. In der Realität wird dieser Wert, in abgespeicherter Form, meist nur nah bei 0 liegen.

Zu 4. und 5.

Nachstehend ist wiederum ein exemplarisches Programm – gleich in der erweiterten Version zu Aufgabe 5 – abgedruckt.

```
#include <stdio.h>
#include <stdlib.h>

float kapital(float, float, int); /* gleich zu Aufgabe 5 * mit
variablem Zinssatz */

int main(void)
{
    float betrag, zinssatz;
    int jahre;

    printf("Bitte einen Euro-Betrag eingeben: ");
    scanf("%f",&betrag);
    printf("Bitte einen Zinssatz eingeben:    ");
    scanf("%f",&zinssatz);
    printf("Bitte eine Anzahl Jahre eingeben: ");
    scanf("%d",&jahre);
    printf("Kapital nach %d Jahren:           %f EUR",
           jahre, kapital(betrag,zinssatz,jahre);

    return EXIT_SUCCESS;
}
```

```
float kapital(float ausgangsbetrag, float zinssatz, int jahre)
{
    float ergebnis = ausgangsbetrag;
    int i;
    for (i=0; i<jahre; i++)
    {
        ergebnis = ergebnis * ( 1 + zinssatz );
        /* oder wahlweise auch kuerzer: ergebnis *= 1+zinssatz;   */
    }
    return ergebnis;
}
```

11.6   Übungen zu Kapitel 7

Zu 2.

Das gezeigte Programmfragment gibt Folgendes aus.

```
i hat den Wert 95.
Die Variable wert = 3.
```

Es treten hier mehrere Variablen wert auf, einmal eine außerhalb der for-Schleife, die (stets) den Wert 3 besitzt, und innerhalb der for-Schleife in jedem Durchlauf eine blocklokale Variable gleichen Namens, die mit 95 initialisiert wird und in dem Durchgang mit i=95 auf 96 gesetzt wird.

Zu 3.

Eine mögliche Anwendung ist die z.B. für einen Drucker aufbereitete Ausgabe mittels einer Funktion print(), die jeweils eine Zeile Text schreiben soll. So könnte etwa alle 55 Zeilen ein besonderer Fußbereich geschrieben werden sollen.

Hierzu ein kleines Beispiel:

```
void printf(char * textzeile)
{
    static int seiten = 1;
    static int zeilen = 1;
    printf("Zeile %d: %s\n",zeilen,textzeile);
    zeilen++;
    if (zeilen == 55)
    {
        /* Hier wird o.g. Fussbereich exemplarisch mit einer
           Seitenangabe ausgegeben */
        printf("Seite %d",seiten);
```

```
    seiten++;
    zeilen = 1;  /* Wieder Zuruecksetzen fuer die naechste
                    Ausgabe-Seite */


    }
  }
```

Zu 5.

Wenn alle Funktionen eines Moduls static sind, dann kann keine dieser Funktionen von außerhalb aufgerufen werden. Damit ist dieses Modul nutzlos für den Rest des Programms!

Die Hauptprogrammfunktion main() darf im übrigen nicht als static markiert werden, denn diese wird naturgemäß von außen aufgerufen. Im Falle von

```
    static int main(void) ....
```

meldet der Linker einen Fehler; nachstehend die sinngemäße Meldung im Beispiel des Borland Turbo Linkers.

```
    Error: Unresolved external '_main' referenced from
    S:\SW\BORLAND\CBUILDER13\LIB\C0X64.OBJ
```

„Unresolved external" bedeutet, dass der Linker den Maschinencode für die Funktion _main nicht finden kann. (Es ist üblich, dass auf Maschinencode-Ebene manche Funktionsnamen durch einen führenden Unterstrich erweitert werden.)

11.7   Übungen zu Kapitel 8

Zu 1.

Exemplarisch wird hier die Einlese-Funktion beschrieben. An dieser Stelle wird allerdings die Überprüfung auf gültige Werte (zwischen 1,0 und 6,0 sowie den Wert 0) verzichtet.

```
/* Einlesen von bis zu 30 Noten; Abbruch jederzeit mit 0 moeglich
*/
void Einlesen(float * a)
{
    int i;
    for (i=0; i<30; i++)
    {
        scanf("%f",&a[i]);
        if (a[i]==0)
        {
            return; /* Vorzeitiges Verlassen der Funktion nach
                        Eingabe von 0 */
        }
    }
}
```

Zu 2.

Gegeben sind die folgenden Deklarationen.

```
#define ZEILEN 3
#define SPALTEN 4
typedef int MATRIX[ZEILEN][SPALTEN];
```

Dann könnten die gewünschten Funktionen z.B. wie folgt implementiert werden.

Die Eingabefunktion:

```
void MatrixEingabe(MATRIX matrix)
{
    int z, sp;

    printf("Bitte die %d x %d Werte (zeilenweise) eingeben:\n",
            ZEILEN,SPALTEN);

    for (z=0; z<ZEILEN; z++)
    {
        for (sp=0; sp<SPALTEN; sp++)
        {
            scanf("%d", &matrix[z][sp]);
        }
    }

} /* end MatrixEingabe() */
```

Die Ausgabefunktion:

```
void MatrixAusgabe(MATRIX matrix)
{
    int z, sp;

    for (z=0; z<ZEILEN; z++)
    {
        for (sp=0; sp<SPALTEN; sp++)
        {
            printf(" %d",matrix[z][sp]);
        }
        putchar('\n');        /* oder printf("\n"); - Ausgabe eines
                                 Zeilenumbruchs */
    }
    putchar('\n');

    return EXIT_SUCCESS;
} /* end MatrixAusgabe() */
```

Die Additionsfunktion:

```
void MatrixAddition(MATRIX m1, MATRIX m2, MATRIX ergebnis)
{
    int z, sp;

    for (z=0; z<ZEILEN; z++)
    {
        for (sp=0; sp<SPALTEN; sp++)
        {
            ergebnis[z][sp] = m1[z][sp] + m2[z][sp];
        }
    }

} /* end MatrixAddition() */
```

Ein Code-Fragment, das diese Additionsfunktion aufruft, kann wie folgt aussehen.

```
MATRIX m1, m2, erg;
MatrixEingabe(m1);
MatrixEingabe(m2);
MatrixAddition(m1,m2,erg);
MatrixAusgabe(erg);
```

Zu 3.

Der Datentyp sei hier noch einmal angegeben.

```
struct Personal
{
    char  Nachname[STRLEN];
    char  Vorname[STRLEN];
    int   PersonalNr;
    float Gehalt;
};
```

Eine Funktion Ausgabe(), wie sie in der Aufgabe gefordert ist, kann wie folgt aussehen.

```
void Ausgabe(struct Personal person)
{
    printf("Name: %s, %s\n", person.Nachname, person.Vorname);
    printf("Personalnummer: %8d, Gehalt: %7.2f\n",
            person.PersonalNr, person.Gehalt);
}
```

Die Formatierungen in der letzten `printf()`-Anweisung besagen, dass die Personalnummer auf mindestens acht Zeichen Breite ausgegeben wird, das Gehalt auf mindestens sieben Stellen Breite, wvon zwei Stellen für die Nachkommastellen verwendet werden. Probieren Sie es bitte selbst aus!
Solche Formatierungen machen Sinn zum Beispiel in Zusammenhang mit einer tabellenartigen Listenausgabe, so dass bestimmte Werte rechtsbündig untereinander stehen können.

Zu 4.

Der gewünschte Datentyp `struct Buch`:

```
struct Buch
{
    char    Autor[200];          /* evtl. fuer mehrere Autorennamen */
    char    Titel[120];
    char    Untertitel[120];
    char    ISBN[11];            /* Die ISBN wird ohne die ueblichen
                                    Bindestriche gespeichert */
    char    Erscheinungsjahr[5]; /* theoretisch ist auch int
                                    moeglich */
    int     Auflage;             /* auch unsigned int waere denkbar */
};
```

Zu 5.

Für ein solches „Bücherregal" können Sie einfach ein Array passender Größe deklarieren:

```
struct Buch buecherregal[2000];

/* Nun ist buecherregal[0] das erste Buch, buecherregal[1999] der
letztmoegliche Eintrag */
```

Wenn Sie die Aufgabenstellung präzise gelesen haben, dann wurde jedoch ein Datentyp verlangt und keine Variable von diesem Typ. Daher bietet sich die typedef-Anweisung an, mit der bekanntlich ein Datentyp vereinbart wird.

```
Typedef struct Buch Buecherregal[2000]; /* Pure Typdeklaration */

Buecherregal buecherregal; /* Eine konkrete Variable dieses Typs
                           */
```

Zu 6.

In Zusammenhang mit Unions wurde ein Problem angesprochen. Hier noch einmal die dort deklarierten Datentypen.

```
struct Punkt
{
   float x;
   float y;
};


struct Rechteck
{
   struct Punkt linksoben;
   struct Punkt rechtsunten;
};


struct Kreis
{
   struct Punkt mittelpunkt;
   float        radius;
};


union GeometrischesObjekt
{
   struct Punkt    punkt;
   struct Rechteck rechteck;
   struct Kreis    kreis;
};


union GeometrischesObjekt arrayGO[100];
```

Es wurde gesagt, dass diese variante Struktur ihren Sinn darin besitzen kann, als erst zur Laufzeit des Programms entschieden werden muss, von welcher konkreten Art ein „geometrisches Objekt" ist.

Dies ist prinzipiell korrekt, denn wir können beispielsweise in das Element Nr. 0 von arrayGO einen Kreis und in das Element Nr. 1 ein Rechteck eintragen.

```
arrayGO[0].kreis.mittelpunkt.x = 0.0;
arrayGO[0].kreis.mittelpunkt.y = 5.0;
arrayGO[0].kreis.radius = 3.5;

arrayGO[1].rechteck.linksoben.x = 3.0;
arrayGO[1].rechteck.linksoben.y = 2.0;
```

```
arrayGO[1].rechteck.rechtsunten.x = 6.0;
arrayGO[1].rechteck.rechtsunten.y = -2.0;
```

Allerdings muss man sich separat merken, bei welchem Index in dem Array welche Art von geometrischem Objekt gespeichert wurde, denn in der Union selbst wird diese Information bei den hier gezeigten Daten nicht verwaltet.

Konkret: wollten wir z.B. in einer for-Schleife die Informationen zu dem Array ausgeben, so wären wir hilflos, denn wir wüssten nicht (mehr), bei welchem Index welche Art gespeichert ist.

```
for (i=0; i<100; i++)
{
   /* Was sollen wir zu arrayGO[i] nun ausgeben? */
   /* Ist es ein Kreis? Ein Rechteck? ...          */
}
```

Es ist also faktisch ein weiteres Array erforderlich, in welchem genau diese fehlende Information gespeichert wird. Dies führt zu folgender möglicher Ergänzung.

```
int typGO[100] = { 0 };    /* 0=nichts, 1=Punkt, 2=Rechteck,
                              3=Kreis */

arrayGO[0].kreis.mittelpunkt.x = 0.0;
arrayGO[0].kreis.mittelpunkt.y = 5.0;
arrayGO[0].kreis.radius = 3.5;
typGO[0] = 3;    /* Nun wird die Typinformation mitgefuehrt, hier
                    also fuer einen Kreis */

arrayGO[1].rechteck.linksoben.x = 3.0;
arrayGO[1].rechteck.linksoben.y = 2.0;
arrayGO[1].rechteck.rechtsunten.x = 6.0;
arrayGO[1].rechteck.rechtsunten.y = -2.0;
typGO[1] = 2;

for (i=0; i<100; i++)
{
   switch(typGO[i])
   {
      case 1:
         printf("Punkt:    (%f,%f)\n",
                 arrayGO[i].x, arrayGO[i].y);
         break;
      case 2:
         printf("Rechteck: (%f,%f) - (%f,%f)\n",
                 arrayGO[i].rechteck.linksoben.x,
                 arrayGO[i].rechteck.linksoben.y,
```

```
                    arrayGO[i].rechteck.rechtsunten.x,
                    arrayGO[i].rechteck.rechtsunten.y);
            break;

        case 3:
            printf("Kreis:    Mittelpunkt (%f,%f), Radius %f\n",
                    arrayGO[0].kreis.mittelpunkt.x,
                    arrayGO[0].kreis.mittelpunkt.y,
                    arrayGO[0].kreis.radius);
            break;
    } /* end switch */
} /* end for */
```

Zu 7.

Die Inhalte zweier int-Speicherplätze sollen miteinander vertauscht werden. Hierzu dient folgende Funktion. Sollte Ihnen die Wirkungsweise dieser Funktion nicht unmittelbar klar sein, spielen Sie den Ablauf des unten gezeigten Aufrufs konkret in Form eines Schreibtischtests durch.

```
void tausche(int *p1, int *p2)
{
    int hilf = *p1;
    *p1 = *p2;
    *p2 = hilf;
}


int main(void)
{
    int a=1, b=2;
    tausche(&a, &b);    /* Aufrufbeispiel zur o.g. Funktion
                            tausche() */
    /* ... */
}
```

Zu 8.

Die Funktion allokiereArray() kann aussehen wie nachstehend gezeigt.

```
int * allokiereArray(int anzahl)
{
    int * p = NULL;
    /* Nur, wenn anzahl > 0 ist, muss ueberhaupt Speicher
       bereitgestellt werden */
    if (anzahl > 0)
    {
```

```
        p = (int *)malloc(anzahl * sizeof(int));

        /* War die Speicheranforderung erfolgreich, werden die
           einzelnen Werte auf 0 gesetzt */
        if (p != NULL)
        {
            int i;
            for (i=0; i<anzahl; i++)
            {
                p[i] = 0;
            } /* end for i */
        } /* end if p */
    } /* end if anzahl */

    return p;

} /* end allokiereArray() */
```

Zu 9.

Programm addierer.c,

```
/* addierer.c */

#include <stdio.h>
#include <stdlib.h>

int main(int argc, char * argv[])
{
    int i;
    int summe = 0;

    if (argc == 1)
    {
        printf("Aufruf:  addierer zahl1 [zahl2 ... ]\n");
        return EXIT_FAILURE;
    }

    for (i=1; i<argc; i++)
    {
        summe += atoi(argv[i]);
    }

    printf("Ergebnis (Summe): %d\n",summe);
```

```
        return EXIT_SUCCESS;
    }

    /* end addierer.c */
```

Zu 10.

Am besten testen Sie das Programm praktisch selbst aus; es kann von der Webseite zum Buch (`cbuch.net`) heruntergeladen werden.

Wie man leicht sieht, liefert die Funktion `f()` zu allen Zweierpotenzen den Ergebniswert 1.

Zu 11.

Mögliche Datentypdeklarationen zu dieser Aufgabe:

```
    struct Person
    {
        char nachname[60];
        char vorname[40];
        /* weitere Attribute hier erst einmal weggelassen ... */
    };

    struct Knoten
    {
        struct Person person;
        struct Knoten * next;
    };

    typedef struct Knoten * LISTE;
```

Eine Variable liste ist dann wie folgt anzulegen und gleich als leere Liste zu initialisieren.

```
    LISTE liste = NULL;
```

Zu 12.

Die Fehlermeldung besagt sehr deutlich, dass bei einem Bitfeld die einzelnen Komponenten nicht über eine eigene Adresse verfügen.

```
    Fehler beispiel.c  28: Verwendung der Adresse eines Bitfeldes
    nicht zulässig
```

Genauer gesagt: die an den Byte-Adressen orientierte Speicherverwaltung kann in der Regel keine glatte Byte-Adresse für eine Bit-Feld-Komponente angeben.

Dazu nachstehend ein kurzes Code-Fragment.

```
struct datum
{
   unsigned int tag    : 5;
   unsigned int monat : 4;
   unsigned int jahr   : 7;
};

int main()
{
   struct datum datum1;

   /* Das ist zulässig: */
   printf("Adresse von datum1: %x\n",&datum1);
   /* Dies geht jedoch nicht: */
   printf("Adresse von datum1.tag: %x\n",&datum1.tag);

   return EXIT_SUCCESS;
}
```

11.8   Übungen zu Kapitel 9

Zu 1.

Eine solche Funktion kann beispielsweise so aussehen.

```
int dateiExistiert(char * name)
{
   FILE *fp;
   fp = fopen(name,"r");
   if (fp==NULL) /* Oeffnen klappt nicht */
   {
      return 0;
   }
   else /* Oeffnen hat geklappt */
   {
      fclose(fp);
      return 1;
   }
}
```

Wer mag, kann diese Funktion aber auch kürzer formulieren, was selbstverständlich nicht zwangsläufig „besser lesbar" bedeutet. In der folgenden Version wird auf das „else" verzichtet, da im Ja-Zweig ggf. die Funktion bereits verlassen wird.

```
int dateiExistiert(char * name)
{
    FILE *fp;
    if ((fp= fopen(name,"r"))==NULL) /* Oeffnen klappt nicht */
    {
        return 0;
    }

    fclose(fp); /* Wenn wir nicht zuvor mit return aus der
                   Funktion gesprungen sind, */
    return 1;   /* dann hatte das Oeffnen der Datei geklappt. */
}
```

Zu 3.

Ein solches Programm zum Kopieren einer Datei ist nachfolgend abgedruckt.

```
/* kopiere.c */

#include <stdio.h>
#include <stdlib.h>

int main(int argc, char * argv[])
{
    FILE *fpold, *fpnew;
    int c;

    if (argc != 3)
    {
        printf("Aufruf: mycopy quelldatei zieldatei\n");
        return EXIT_FAILURE;
    }

    if ((fpold=fopen(argv[1],"r"))==NULL)
    {
        printf("Fehler beim Oeffnen von %s\n",argv[1]);
        return EXIT_FAILURE;
    }

    if ((fpnew=fopen(argv[2],"r"))!=NULL)
    {
        fclose(fpnew);
        printf("Fehler: Die Datei %s existiert bereits!\n",
```

```
                argv[2]);
        return EXIT_FAILURE;
    }

    if ((fpnew=fopen(argv[2],"w"))==NULL)
    {
        printf("Fehler: Die Datei %s kann nicht zum Schreiben "
                "geoeffnet werden!\n",
            argv[2]);
        return EXIT_FAILURE;
    }

    /* Kopieren */
    while ((c=fgetc(fpold))!=EOF)
    {
        fputc(c,fpnew);
    }

    fclose(fpold);
    fclose(fpnew);

    return EXIT_SUCCESS;

} /* end main */
```

Zu 4.

Ein mögliches Programm split.c finden Sie nachstehend.

```
/* split.c */

#include <stdio.h>
#include <stdlib.h>
#include <string.h>
/* Der wesentliche Teil der Handlung wird in die Funktion split()
   ausgelagert.
   Hier der Prototyp dieser Funktion.
*/
void split(char *, long);

/* Hauptprogramm main() - Fuehrt Analyse der Kommando-
   zeilenparameter durch und delegiert gegebenenfalls an die o.e.
   Funktion split()                              */

int main(int argc, char * argv[])
```

```
{
  /* Korrekter Aufruf:split dateiname groesse_der_einzelteile */
  if (argc == 3)
  {
     long groesse = atoi(argv[2]);
     if (groesse<=0)  /* trivialer Fehlerfall */
     {
        printf("Bei einer nicht-positiven Groesse ist nichts "
               "zu tun!\n");
        return EXIT_FAILURE;
     }
     split(argv[1],groesse);  /* Delegation an die Funktion
                                 split() */
  }
  else if (argc == 2 && (strcmp(argv[1],"-?")==0 ||
           strcmp(argv[1],"/?")==0))
  {
     /* Hier wird davon Gebrauch gemacht, dass in C mehrere
        Zeichenketten einfach hintereinandergehaengt werden
        koennen. Auf diese Weise erspart man sich in der hier
        gezeigten Situation den mehrfachen Aufruf der Funktion
        printf().  */
     printf("Dies ist das Split-Programm zum Zerlegen grosser "
            "Dateien\n"
            "Der korrekte Aufruf des Programms erfordert zwei "
            "Parameter:\n"
            "- Der erste Parameter ist der Name der zu "
            "zerlegenden Datei.\n"
            "- Der zweite Parameter ist die Angabe in Bytes, "
            "wie gross die\n"
            "zerlegten Teildateien (maximal) sein sollen.\n"
            "Naeheres hierzu finden Sie auf unserer stets "
            "aktuellen\n"
            "Internetseite www.split-programm.de!\n");
  }
  else
  {
     printf("Aufruf: split dateiname splittergroesse\n");
     return EXIT_FAILURE;
  }

  return EXIT_SUCCESS;

} /* end main() */
```

```
/* Die Funktion split() ist fuer das eigentliche Zerlegen der
   Ausgangsdatei zustaendig.    */
/* Sie bekommt den Dateinamen der Ausgangsdatei und die Anzahl
   Bytes, die eine solche        */
/* Splitterdatei maximal gross sein soll.
*/
void split(char * dateiname, long groesse)
{
   char partname[50];
   int  partzaehler=1, c;
   long zeichenzaehler=0;
   FILE *fpold, *fpnew;

   if ((fpold=fopen(dateiname,"rb"))==NULL)
   {
      printf("Datei %s kann nicht geoeffnet "
             "werden!\n",dateiname);
      exit(EXIT_FAILURE); /* Programm beenden */
   }

   sprintf(partname,"TEIL.%03d",partzaehler++);    /* Vgl. die
                             Fussnote²⁶ zur Funktion sprintf() */
   if ((fpnew=fopen(partname,"wb"))==NULL)
   {
      printf("Die erste Teile-Datei %s kann leider nicht "
             "geoeffnet werden!\n",partname);
      exit(EXIT_FAILURE); /* Programm beenden */
   }

   while ((c=fgetc(fpold))!=EOF)
   {
      fputc(c,fpnew);
      zeichenzaehler++;

      /* Wenn groesse viele Zeichen geschrieben wurden, wird die
         alte Teile-Datei */
      /* geschlossen und eine neue geoeffnet                  */
      if (zeichenzaehler == groesse)
      {
```

---

[26] Die Funktion sprintf() arbeitet ähnlich wie die bekannte Funktion printf(). Allerdings schreibt sie die nichts auf die Ausgabe (d.h. den Bildschirm), sondern legt das Resultat in einem String ab. Damit kann elegant die Möglichkeit der printf()-Formatierungen genutzt werden. Im vorliegenden Beispiel werden die Namen der Teil-Dateien zusammengestellt.
Die Formatierung "%03d" bewirkt, dass eine ganze Zahl auf drei Stellen mit ggf. führenden Nullen angegeben wird. Hier werden also konkret die Dateinamen TEIL.001, TEIL.002 usw. zusammengebaut.

```
            fclose(fpnew);
            sprintf(partname,"TEIL.%03d",partzaehler++);
            zeichenzaehler=0;
            if ((fpnew=fopen(partname,"wb"))==NULL)
            {
                printf("Die Teile-Datei %s kann leider nicht "
                        "geoeffnet werden!\n",partname);
                exit(EXIT_FAILURE); /* Programm beenden */
            }
        }
    }

    fclose(fpold);
    fclose(fpnew);

    printf("All done.\n");

} /* end split() */

/* end split.c */
```

12 Anmerkungen zum C99-Standard

Wir wollen in diesem kurzen Kapitel auf einige Aspekte des derzeit aktuellen C-Standards, C99, eingehen. C99 ist das übliche Kürzel für den internationalen C-Standard ISO/IEC 9899:1999 inklusive der technischen Corrigenda TC1 und TC2 aus den Jahren 2001 und 2004[27].

Für einen Neuling ist es zunächst nicht besonders relevant, welche C-Version er verwendet, da die grundlegenden Hürden wie die Verwendung von Adressoperatoren und das allgemeine Pointer-Konzept Klassiker sind und bereits in den ersten C-Versionen der Erfinder Kernighan und Ritchie enthalten sind.

Die mit dem C99-Standard eingeführten Features werden bis heute nicht von allen modernen Compilern komplett umgesetzt. Daher befindet man sich bei der Entwicklung von C-Programmen auf der sicheren Seite, wenn man von den Neuerungen keinen Gebrauch macht. Gleichwohl sollen hier vor allem einige ganz angenehme Aspekte von C99 gegenüber den C-Vorläuferstandards erwähnt werden.

12.1 Kommentare und for-Schleifen im C++-Stil

Zwei Änderungen, die C++ gegenüber dem klassischen C einführte, sind zwischenzeitlich auch in C aufgenommen worden: die praktischen Zeilenkommentare mit // und die lokalen Variablendeklarationen im Rahmen einer for-Schleife.

Zeilenkommentare

Neben den typischen C-Kommentaren, die mit /* beginnen und mit */ enden und somit über beliebig umfangreiche Code-Strecken gehen können, ist es in C99 ebenfalls möglich, Zeilenkommentare zu schreiben. Diese beginnen mit // und enden automatisch am Ende derselben Zeile. Somit kann bei dieser Art von Kommentaren nicht mehr vergessen werden, den Kommentar zu schließen.

```
// Beispiel von Zeilenkommentaren
double spkto = 0; // aktueller Kontostand des Sparbuches
double gkto = 0;  // aktueller Kontostand des Girokontos
```

---

[27] Die Normenbeschreibung zu C99 ist im Internet unter http://ansi.org/public/std_info.html verfügbar. Das sog. „Rationale" zu C99, also eine ausführliche Zusammenstellung von Änderungen gegenüber früheren C-Varianten sowie kleinen Beispielen, kann unter der folgenden Adresse aus dem Internet heruntergeladen werden:
http://www.open-std.org/jtc1/sc22/wg14/www/docs/C99RationaleV5.10.pdf.

Variablendeklarationen in einer for-Schleife

Im klassischen C sind (lokale) Variablen ausschließlich zu Beginn eines Blockes zu deklarieren und definieren. Dies führt gelegentlich dazu, dass die als Zählvariable einer for-Schleife benötigte Variable, die traditionell i heißt, „weit entfernt" von der for-Schleife bereitgestellt werden muss.

```
/* Klassische C-Variante */
int i; /* nur in der u.g. For-Schleife benoetigte Variable */

/* ... viel sonstiger Code hier ... */

for (i=0; i<10; i++)
{
    /* Tue irgendetwas ... */
}
```

Dies kann mit der inneren Deklaration im Kopf der for-Schleife à la C++ übersichtlicher gestaltet werden.

```
// C99-Variante

// ... viel sonstiger Code hier ...

for (int i=0; i<10; i++) // i nur lokal fuer diese for-Schleife
deklariert und definiert
{
    // Tue irgendetwas ...
}

// hier, nach der for-Schleife, ist die Variable i auch gar nicht
mehr verfuegbar!
```

12.2   Neue Datentypen und Headerfiles

Mit dem Sprachstandard C99 kamen neue Headerfiles und Datentypen zum klassischen C hinzu. Wir wollen im Folgenden auf einige davon kurz eingehen. Für weitere Informationen verweisen wir auf die Referenz „C in a Nutshell".

complex.h

Aus mathematischer Sicht interessant ist, dass C99 einen eigenen Datentyp und in der Headerdatei complex.h deklarierte Funktionen für die Arbeit mit komplexen Zahlen bekommen hat. Der Datentyp heißt _Complex und verwendet ein klein- oder großgeschriebenes i als imaginäre Einheit.

Dazu passend gibt es eine Reihe von Funktionen, beispielsweise `creal()` und `cimag()` zur Ermittlung des Real- bzw. Imaginärteils einer komplexen Zahl.

fenv.h

Mit C99 wurde das sog. „Floating Point Environment" eingeführt, ein System von Status Flags und Kontrollmodi zur Erkennung und Behandlung von Fehlern bei der Arithmetik mit Gleitkommazahlen.

Exemplarisch seien hier die Modi zum Runden von Gleitkommazahlen erwähnt. Ein solcher Modus regelt, wie floating point-Werte gerundet werden sollen. Dazu sind die Makros `FE_DOWNWARD`, `FE_TONEAREST`, `FE_TOWARDZERO` und `FE_UPWARD` definiert. Je nachdem, welcher Modus aktiviert wird, wird bei der Rundung von Gleitkommazahlen stets abgerundet, zur nächsten ganzen Zahlen gerundet (kaufmännische Rundung), in Richtung der 0 oder nach oben gerundet, vgl. die nachstehenden Beispiele in der Tabelle.

	FE_DOWNWARD	FE_TONEAREST	FE_TOWARDZERO	FE_UPWARD
1.55	1	2	1	2
1.35	1	1	1	2
-1.35	-2	-1	-1	-1
-1.55	-2	-2	-1	-1

inttypes.h und stdint.h

Die Headerdatei stdint.h legt ganzzahlige Datentypen mit präzisen Bitbreiten fest. So ist beispielsweise `int16_t` eine Variante von `int`, bei der die Speicherbreite 16 Bit fest definiert ist, wohingegen die Speicherbreite von `int` selbst bekanntlich compiler- bzw. abhängig von dessen Einstellung ist. Dazu gehoeren dann (u.a.) `INT16_MIN` und `INT16_MAX` als Makros für die in dem Typ `int16_t` kleinste bzw. größte darstellbare ganze Zahl.

Entsprechend gibt es für verschiedene Werte von N die Typen `int`N`_t` und (u.a.) die Makros `INT`N`_MIN` und `INT`N`_MAX`.

Die Headerdatei inttypes.h enthält ihrerseits einige Ergänzungen zu stdint.h. Dazu gehören Makros zur Erweiterung von `printf()`- und `scanf()`-Formatierungen für die o.e. Datentypen wie `int16_t`. So werden die Makros `PRId16` als Formatierungshilfe für `printf()` und `SCNd16` entsprechend für `scanf()` bereitgestellt. Je nach Compiler werden statt der „16" auch andere Werte (i.d.R. Zweierpotenzen) in inttypes.h berücksichtigt.

Hierzu ein kurzes Beispiel zur Veranschaulichung.

```
#include <inttypes.h>
int16_t i16wert;
```

```
scanf("%" SCNd16, &i16wert);
printf("Der Wert von i16wert ist " "%6d" PRId16, i16wert);
```

Der Präprozessor sorgt dafür, dass in den beiden gezeigten Funktionsaufrufen die für die jeweiligen Datentypen erforderlichen Zeichenketten korrekt zusammengebaut werden. Die Sequenz in der Ausgabe sorgt dafür, dass der Wert in `i16wert` auf (mind.) sechs Stellen Breite ausgegeben wird.

stdbool.h

Der in C99 neu hinzugekommene Datentyp `_Bool` wird ergänzt durch die folgenden vier Makros.

`bool` wird als Synonym für den Typ `_Bool` festgelegt, `true` und `false` werden als 1 bzw. 0 vereinbart, die recht selbstsprechende Konstante

```
__bool_true_false_are_defined
```

wird auf 1 gesetzt und kann somit vom Programmierer abgefragt werden, so dass abwärtskompatibler Code realisiert werden kann.

```
/* Wenn stdbool.h nicht eingebunden wurde, der Datentyp _Bool
also offenbar nicht vorliegt,
   dann werden die betreffenden Namen eigenstaendig festgelegt.
 */
#ifndef __bool_true_false_are_defined

#define bool int
#define true 1
#define false 0
#define __bool_true_false_are_defined 1

#endif
```

Allerdings dürften die meisten C-Entwickler in der Praxis davor zurückschrecken und lieber gleich weiter mit `int` statt `_Bool` arbeiten.

tgmath.h

In der Headerdatei tgmath.h finden sich „typengenerische Makros". Das bedeutet: zu den mathematischen Funktionen, die für verschiedene Datentypen vorgehalten werden wie etwa die Wurzelfunktionen („square root") `sqrtf()` für float- und `sqrt()` für double-Werte, wird ein Makro `sqrt()` bereitgestellt, das automatisch die korrekte Wurzelfunktion aufruft.

Aus „C in a Nutshell" ein kleines Beispiel hierzu.

```
#include <tgmath.h>

float f = 4.0F;
```

```
double x = 4.0;
printf("%f %lf", sqrt(f), sqrt(x));
```

Die beiden `sqrt()`-Aufrufe werden einmal zur float-wertigen Funktion `sqrtf()`, das zweite Mal zur double-wertigen Funktion `sqrt()` expandiert.

12.3 Notation nach Kernighan & Ritchie

Abschließend soll noch auf einen historischen Aspekt kurz eingegangen werden: im „klassischen" Kernighan-Ritchie-C (K&R-C), dem sog. *„old fashioned style", definiert(e) man Funktionen mit einer etwas anderen Syntax. Die* Funktion `KreisFlaeche()` aus dem Kapitel Funktionen wird in Kernighan-Ritchie-C wie folgt geschrieben werden.

```
#define PI   3.1415926

float Kreisflaeche(radius)
float radius,
{
   return PI*radius*radius;
}
```

Nicht, dass der Leser dies heute noch aktiv benutzen sollte. Aber für den Fall, dass er sich eines Tages um ein altes C-Programm aus dem letzten Jahrtausend kümmern muss, sollte er dies zumindest schon einmal gesehen haben.

13 Zugabe: Einige Tipps und Tricks

In dieser kleinen Zugabe sollen eine Reihe nützlicher Tipps und Hinweise gegeben, z.T. auch bewusst wiederholt werden. Vielleicht macht sich diese Zusammenstellung bei dem einen oder anderen Softwareprojekt bezahlt?

13.1 Stillschweigende Typumwandlungen

Getreu dem Motto „doppelt genäht hält besser" soll sicherheitshalber noch einmal kurz das Thema Typumwandlungen (type cast) aufgegriffen werden.

Was erhalten Sie bei dem folgenden Code-Ausschnitt auf dem Bildschirm?

```
char zeichen = 'X';
printf("%d\n",sizeof(zeichen));
```

Wenn Sie sich an den betreffenden Abschnitt erinnern (vgl. 3.6 Typenkonversion (Cast)), dann wird ein char bei der Auswertung in einem Ausdruck zunächst in ein int umgewandelt. Aus dem 1-Byte-char wird somit ein (auf den typischen 32-Bit-Systemen) 4-Byte-int. Daher sehen wir in der obigen Ausgabe den Wert 4.

13.2 Zuweisungs- und Vergleichsoperator

Einer der häufigsten Fehler ist das Verwechseln von Zuweisungs- und Vergleichsoperator.

```
if (i = 3) /* Vermutlicher Fehler: = statt == geschrieben */
{
    /* ... */
}
```

Möglich ist eine Reduktion dieses Fehlers dadurch, dass man bei einem Vergleich mit einer Konstante (bzw. einem sogenannten Literal) diese links notiert.

```
if (3 == i) /* In dieser Reihenfolge würde der Schreibfehler '='
vom Compiler gemeldet werden */
{
    /* ... */
}
```

Dabei muss eingeräumt werden, dass diese Reihenfolge gewöhnungsbedürftig ist und in bestehendem C-Code ganz überwiegend die klassische Reihenfolge „Variable == Wert" verwendet wird. Außerdem hilft dieser Tipp natürlich nicht weiter, wenn zwei Variablen miteinander verglichen werden sollen!

Sehen wir uns noch eine Situation an. Nehmen wir an, es gebe eine Funktion f() mit nachfolgendem Prototyp.

```
int f();
```

Was geschieht dann in dem folgenden Code-Fragment?

```
int erg = 0;
if (erg = f())
{
    printf("Ok! F() ergibt %d.\n",erg);
}
```

(Die Lösung hierauf findet sich am Ende dieses kleinen Kapitels.)

13.3   Arrays sind keine Pointer

Ein anderes erfahrungsgemäß spannendes Kapitel sind die Gemeinsamkeiten und vor allem die Unterschiede zwischen Arrays und Pointern. Die beiden wichtigen Merksätze hierzu:

– Arrays sind keine Pointer!

– Arrays sind konstante Startadressen!

Sehen wir uns das nochmals in einem Code-Fragment konkret an.

Welche der folgenden Code-Zeilen sind korrekt? Was bewirken sie? Und welche sind – aus welchem Grund – fehlerhaft?

```
//1//
int a[10] = { 2, 3, 1 };
//2//
int b[10];
//3//
int * p1 = { 1, 2, 3 };
//4//
int * p2 = a;
//5//
a = b;
//6//
a++;
//7//
p2++;
```

Bitte vor dem Weiterlesen noch kurz nachdenken ...

...

Danke.

Nun, in den Zeilen //1// und //2// werden jeweils Arrays von 10 int-Speicherplätzen bereitgestellt, im Falle von a wird auch bereits initialisiert. (Wissen Sie noch, welchen Wert a[9] in diesem Falle erhält?)

Zeile //3// ist fehlerhaft: hier wird nur eine Pointer-Variable p1 bereitgestellt. Dieser kann keine Array-Initialisierung zugeordnet werden! Dagegen ist Zeile //4// korrekt, der Pointer p2 wird deklariert, definiert und sofort auf (die Adresse) a initialisiert. Denn: Arrays sind bereits (konstante) Startadressen.

Aus genau diesem Grunde ist Zeile //5// auch wieder falsch: der konstanten Startadresse a kann nichts anderes zugewiesen werden! Ebenso ist Zeile //6// fehlerhaft, denn aus demselben Grund kann a selbst auch nicht verändert werden.

Dies funktioniert jedoch bei einer Pointer-Variablen, diese kann mittels p2++ inkrementiert (hochgezählt) werden. Angenommen, wir arbeiten auf einem 32-Bit-System, auf welchem int-Speicherplätze vier Byte groß sind und p2 enthält zunächst die Adresse 1000, worauf wird p2 dann durch die Anweisung

```
p2++;
```

gesetzt? (Die Lösung findet sich wiederum am Ende dieses Kapitels.)

13.4   Manche Speicherzugriffe sind riskant!

Ein anderes Thema sind array- oder pointerbasierte Speicherzugriffe. Hier wird in der Praxis oftmals die Kontrolle vergessen, ob der gewünschte Speicherplatz auch tatsächlich verfügbar ist.

Es beginnt mit dem Klassiker:

```
int a[5];
a[5] = 99;
```

Wer sorgfältig geübt hat, sieht natürlich sofort, dass der Zugriff auf a[5] „illegal" ist, denn die fünf angelegten int-Speicherplätze haben die Bezeichnungen a[0] bis a[4]. Durch den Beginn der Indizierung bei der 0 ist just der Wert, der bei der Deklaration und Definition für die Größe des Arrays angegeben wird, als Index nicht mehr nutzbar!

Entsprechend sehen die typischen for-Schleifen-Konstrukte dazu aus.

```
int i;
for (i=0; i<5; i++)
{
    printf("%d ",a[i]);   /* Zugriff auf a[i] im Bereich
                             0 <= i < 5 erlaubt */
}
```

Prägen Sie sich diese Schleifen-Form bitte gut ein.

Noch etwas komplizierter wird das Ganze in Zusammenhang mit der dynamischen Speicherallokaton. (Sie erinnern sich?)

Auch hierzu ein kleines Code-Fragment. Prüfen Sie es bitte zunächst auf Korrektheit.

```
int * pint = NULL;
int anzahl = 2000;
pint = (int *)malloc( anzahl * sizeof(int) );
for (i=0; i< anzahl; i++)
{
   pint[i] = 0;
}
/* ... */
free(pint);
pint = NULL;
```

Alles korrekt?

Nun, beinahe. Natürlich müsste die Variable i auch deklariert werden. Aber das ist selbstverständlich nicht der spannende Punkt. Nach der (dynamischen, d.h. erst zur Laufzeit erfolgenden) Allokierung von Speicherplatz muss bei einem professionellen Programm natürlich geprüft werden, ob die Speicherplatzanforderung geklappt hat! Denn hier könnte es durchaus sein, dass während der Laufzeit vor allem von länger laufenden Programmen der Speicher allmählich knapp wird. Und wenn dann noch der Anwender entscheiden darf, wieviel Speicher benötigt wird, dann ist die Prüfung ohnehin unverzichtbar.

Wir modifizieren den Code also etwas (und nehmen auch die erwähnte Benutzerauswahl mit auf).

```
int * pint = NULL;
int anzahl = 2000, i = 0;

pint = (int *)malloc( anzahl * sizeof(int) );
if (pint != NULL)
{
   for (i=0; i< anzahl; i++)
   {
      pint[i] = 0;
   }
   /* ... */
   free(pint);
   pint = NULL;
}
else
{
   printf("Allokation von %d int-Speicherplaetzen ist "
```

```
    "gescheitert!\n",anzahl);
}
```

Wie Sie wissen, kann der Zugriff auf die einzelnen Elemente des Speicherbereiches auch über die Pointer-Notation erfolgen.

```
for (i=0; i< anzahl; i++)
{
    *(pint+i) = 0;
}
```

Ok? (Die Lösung ... genau!)

Weiterhin können wir diese for-Schleife auch umformulieren in eine while-Schleife.

```
i = 0;
while (i< anzahl)
{
    *(pint+i) = 0;
    i++;
}
```

Wieder korrekt? – Im Vertrauen: ja, sie ist korrekt.

Wir stellen bei genauer Betrachtung jedoch fest, dass wir die Zählvariable, die zunächst in der Array-Schreibweise sehr hilfreich gewesen ist, eigentlich gar nicht benötigen; wir könnten stattdessen auch direkt die Pointer-Arithmetik nutzen d.h. den Pointer schrittweise weitersetzen. So gelangen wir dann zu der folgenden Konstruktion.

```
while (*pint != NULL)
{
    *pint = 0;
    pint++;
}
```

Auch noch alles ok? (Die Lösung auf diese Frage gibt es wieder im letzten Abschnitt dieses Kapitels.)

Nun, jetzt haben wir ein – vielleicht zunächst recht unerwartetes – Problem bei der Freigabe des Speichers: die Anweisung

```
free(pint);
```

funktioniert jetzt nicht mehr! Denn free() arbeitet nur dann korrekt, wenn es exakt die Adresse als Parameter erhält, die zuvor ein Aufruf von malloc() als Ergebnis zurückgeliefert hat. Man kann sich das so vorstellen, dass nur unter diesen Adressen in einer Liste notiert wurde, bei welchen Startadressen wieviele Bytes Speicher reserviert worden sind.

Also: bitte aufpassen bei Verwenden der Pointer-Arithmetik! Meistens wird die ursprüngliche Startadresse später noch einmal benötigt!

13.5   Lösungshinweise zu diesem Kapitel

Abschließend wollen wir noch die Antworten auf ein paar der offenen Fragen dieses Kapitels geben.

13.5.1   Zuweisungs- und Vergleichsoperator

Zu dem folgenden Code-Fragment:

```
if (erg = f())
{
    printf("Ok! F() ergibt %d.\n",erg);
}
```

Hier ist – ausnahmsweise – das einfache Gleichheitszeichen = kein Schreibfehler, sondern der Programmierer geht davon aus, dass ein Rückgabewert der Funktion f(), der ungleich 0 ist, als korrekt bzw. „wahr" interpretiert werden soll und gibt diesen dann mit dem Kommentar „Ok!" auf den Bildschirm aus. Sollte f() jedoch den Wert 0 zurückgeben, so wird im hier gezeigten Auszug nichts ausgegeben.

13.5.2   Arrays sind keine Pointer

Der Pointer p2 wird mit der Anweisung

```
p2++;
```

um eine „Einheit" der Größe eines int-Speicherplatzes heraufgesetzt, also „sizeof(int)". Auf einem 32-Bit-System sind dies vier Byte. War p2 zuvor 1000, so ist anschließend p2 = 1004, zeigt somit auf den nächsten int-Speicherplatz.

13.5.3   Manche Speicherzugriffe sind riskant!

Das zuerst gezeigte Fragment ist korrekt.

```
for (i=0; i< anzahl; i++)
{
    *(pint+i) = 0;
}
```

In der umformulierten Variante als while-Schleife steckt jedoch ein Fehler.

```
while (*pint != NULL)
{
    *pint = 0;
    pint++;
}
```

Ein Array von (hier im Beispiel 2000) int-Werten hat – anders als Zeichenketten – keine „NULL-Terminierung", d.h. nach den 2000 int-Werten folgt kein wohldefiniertes Ende-Zeichen! Daher müssen wir hier von dieser Schleifengestaltung Abstand nehmen und doch bei der Verwendung einer Zählvariablen bleiben.

Literaturverzeichnis

In diesem Abschnitt sind die im Buch verwendeten Werke aufgeführt. Darüber hinaus finden Sie hier Literaturtipps zur weiteren Vertiefung der Programmiersprache C sowie der Programmierung im Allgemeinen.

Blum, N.
Algorithmen und Datenstrukturen
München, 2004.

Goll, J., Bröckl, U. und Dausmann, M.
C als erste Programmiersprache: vom Einsteiger zum Profi
Wiesbaden, 2010.

Hatton, L.
Safer C: Developing Software for High-integrity and Safety-critical Systems
Berkshire, 1995.

Kernighan, B. und Ritchie, D.
The C Programming Language
Englewood Cliffs, 1988.

Kernighan, B. und Ritchie, D.
Programmieren in C. (Deutsche Version des o.g. Buches.)
München, 1990.

Loudon, K.
Mastering Algorithms with C
Köln, 1999.

Prinz, P. und Crawford, T.
C in a Nutshell
Köln, 2006.

Prinz, P. und Kirch-Prinz, U.
C kurz & gut
Köln, 2004.

Tondo, C. L. und Gimpel, S. E.
Das C - Lösungsbuch zu ' Programmieren in C'
München, 1990.

van der Linden, P.
Expert C Programming
Prentice Hall, 1994.

Ward, R.
Debugging C.
Bonn, 1988.

Stichwortverzeichnis